主厨秘密课堂

日本主厨笔记——
鱼料理专业教程

［日］原田实　KUROGI　山本晴彦◎著

方　宓◎译

U0378393

机械工业出版社
CHINA MACHINE PRESS

此版本仅限在中国大陆地区（不包括香港、澳门特别行政区及台湾地区）销售

北京市版权局著作权合同登记　图字：01-2021-2298 号。

图书在版编目（CIP）数据

日本主厨笔记. 鱼料理专业教程 /（日）原田实等著；
方宓译. — 北京：机械工业出版社，2023.3
　（主厨秘密课堂）
　ISBN 978-7-111-72063-8

　Ⅰ.①日… 　Ⅱ.①原… ②方… 　Ⅲ.①鱼类菜肴 – 菜谱 – 日本 – 教材 　Ⅳ.① TS972.183.13 ② TS972.126.1

中国版本图书馆CIP数据核字（2022）第218107号

机械工业出版社（北京市百万庄大街22号　邮政编码100037）
策划编辑：范琳娜　卢志林　　责任编辑：范琳娜　卢志林
责任校对：贾海霞　邵鹤丽　　责任印制：张　博
北京华联印刷有限公司印刷
2023年7月第1版·第1次印刷
190mm×260mm·12印张·2插页·151千字
标准书号：ISBN 978-7-111-72063-8
定价：98.00元

电话服务　　　　　　　　　网络服务
客服电话：010-88361066　　机　工　官　网：www.cmpbook.com
　　　　　010-88379833　　机　工　官　博：weibo.com/cmp1952
　　　　　010-68326294　　金　书　网：www.golden-book.com
封底无防伪标均为盗版　　　机工教育服务网：www.cmpedu.com

前　言

　　北起北海道，南至冲绳，日本四面环海，每个季节都能捕获各种各样的鱼贝类。本书以制作日本料理不可缺少的主要食材——鱼贝类为重点，介绍了使用日本近海捕获的各种鱼贝类制作的140多种料理。其中既有价格相对实惠的，也有价格相对高昂的。

　　日本料理经常被称作"做减法的料理"。近年来，随着鱼贝类在捕鱼地处理、保存、流通条件的改善，送达人们餐桌的食材质量越来越好，这种倾向也越来越明显。

　　然而，仅仅靠做减法是不够的。为了突显食材的优点，人们开始追求更高层次的加法，即在最大限度减去多余调料的基础之上，为其添加微妙的香气和鲜美味道。

　　受到入境消费的助推，日本料理店越来越受到关注。不少料理店人气高涨，一座难求。接下来，受到日本公认，位居鱼贝类料理界前三甲的日本料理店将一一登场，其主厨将介绍当下食客需求旺盛的新兴鱼贝类料理。

　　本书若能成为您制订日常菜单时的参考，我们将深感荣幸。

柴田书店书籍编辑部

2019 年 5 月

目　录

第一章　遍识经典料理

第二章　鱼类一品料理

摄　影：天方晴子
设　计：石山智博
编　辑：佐藤顺子

名词解释

- **三枚切**：日本料理中杀鱼的方法。先把内脏、鱼鳞等去掉后冲洗干净，切下鱼头。从鱼肚一侧下刀，用刀沿着鱼骨，从鱼腹一直切到鱼尾，切下一面鱼肉。把鱼翻面，从鱼脊一侧下刀，从鱼尾开始往鱼头方向切下另一片鱼肉。最后切成两片鱼肉，和带鱼肉的鱼骨三部分。

- **五枚切**：处理鱼身较宽或较厚的鱼时，在三枚切的基础上，把两片鱼肉，每片分切成2片。

- **太白芝麻油**：我国的芝麻油是烘焙后榨取。日本的太白芝麻油用未经烘焙的芝麻直接榨取，颜色更浅，味道柔和，质感轻盈。

- **一合米**：约180毫升量杯米。

- **斑节虾**：又叫花虾、竹节虾、花尾虾，并非基围虾。

- **酸橘**：青金橘，通常作为烹饪作料。

- **浓口酱油**：相当于我国的老抽，颜色很深，呈棕褐色，有光泽，鲜美微甜。

- **淡口酱油**：相当于我国的生抽，口味和颜色较淡，但含盐量较高。

- **味淋**：相当于中国的料酒，但甜度更高。

- **煮汁**：用于烹煮的汤汁。

- **煮切味淋**：味淋加热后酒精挥发殆尽后剩余的汁。

- **幽庵烧**：用幽庵汁将鱼腌过再烧烤的做法。

- **血合**：存在于鱼的腹腔中的凝固的红肌纤维细胞，须去除干净，否则有腥臭味。

- **霜降**：日本料理中的一种烹饪技法，将鱼肉表面淋上沸水，然后迅速入冰水冷却，使其表面出现一层类似霜的白色薄膜。

- **出汁**：用昆布加水炖煮，再加入鲣节微煮，过滤后制成的汤汁叫一番出汁。将使用过的昆布和鲣节加水再煮，并补充适量新的昆布和鲣节煮的汤汁叫二番出汁。本书中的出汁指一番出汁。

鱼类料理美味秘诀

 获取信息，挑选好鱼

挑鱼时，以外观新鲜、跳动活跃、个大力强者为宜。但判断鱼的好坏，单凭这几点是不够的。脂肪厚薄、鱼肉紧致程度、不同产地的肉质差异等都是关键。这些涉及广博的知识与开阔的视野，只有亲眼看见、亲手触摸过各种鱼类方能理解。

一般情况下，料理店会直接从鱼市采购。当然，与鲜鱼铺和批发商沟通，以及建立信任关系也很重要。而作为厨师，还要保持敏感，善于从批发商或网络上捕捉各种各样的信息。试想，对某产地在某个时期能够捕获何种肉质的鱼，如果厨师了如指掌的话，就能与鱼店更好地沟通。而提前掌握气候变化对渔场的影响，以及未广泛传播开来的名产地信息，还可以为料理增添附加价值，丰富与食客们的谈资。

如果厨师做不到"架起天线获取信息"，并不时更新鱼类信息，便会迟人一步。

 洞悉美味的本质

一条鱼要做成什么样的料理，要怎么吃——要做到心中有数，才能决定烹调前对鱼做什么样的预处理，或者根据入口的时机来决定是否当场烹调。

有些料理只有在做好之后，才能充分发挥食材的魅力；有些食材即使做过预处理，其状态也达不到预期效果；有些食材必须经过预处理才能做成美味料理。

虽说料理取决于采购回来的鱼的状态，但洞悉这条鱼适合做成什么样的料理，则是厨师的技术。

设计一份合理的菜单，即使在必须当场出品多款料理的情况下，也不会让食客久候，并能够在恰当的时机上菜，这也是非常重要的。

（三）烹调时令佳肴

当下，许多食客是抱着品尝时令美味的目的进店的。其中有部分食客对鱼类寄予很高的期待。为了充分享用鱼肉，仅做简单烹调以保持鱼的形状、鱼肉的质感，这也不失为一种方法。而食材的新鲜度是简单烹调所必需的。

如果一道料理的主菜是应季食材，如河豚、海鳗、香鱼等，为加大料理的分量，搭配蔬菜也是一种方式。在河豚或海鳗锅仔中加入大量适宜的蔬菜，便能制造令人满足的分量感。

（四）增添附加价值，提升商品价值

我们不会选用高级食材来制作所有料理。将价格相对实惠的鱼贝类（应季鱼贝类物美价廉）巧妙地组合在一起，让食客吃得满意，对于管理一家料理店也是很重要的。为一道料理巧妙地添加附加价值，使之受到食客欢迎，从而成为店里的招牌料理，这也是厨师的技能。

本书介绍的文蛤配蜂斗菜味噌，是一款常规人气料理。在非时令季节，可以将文蛤换成个头饱满的牡蛎，但烹调方式相同，因加热方法十分独特，已成为不可取代的一道美味。

（五）时令的山珍海味，以新的风格展现

日本人自古以来乐于在同一道料理中，使用同一时令的不同食材，以此充分感受季节的馈赠，比如鲷鱼搭配竹笋，鰤鱼搭配白萝卜等。

不会出错的食材搭配，以新的风格展现，能够让食客感受到新鲜的美味，不是吗？

本书还将介绍白萝卜鰤鱼、芜菁盛鲷鱼头两道料理。前者是将勾芡过的萝卜泥覆在烤鰤鱼上，后者是将硕大的圣护院芜菁整个煮软，再与用出汁（日式高汤）煮过的鲷鱼共同盛盘食用。

⑥ 使用鱼类主食材的肝脏、鱼骨、鱼皮、鳞片

买回新鲜的鱼之后，可尝试合理利用鱼肝入肴。可以将鱼肝捣成泥、滤去渣滓，调入调味料或酱汁，做成拌菜调料。如果介意腥味，可以在保持原汁原味的前提下，用酒或调味料去腥。

此外，鱼骨、鱼头等鱼杂碎还可以用来熬制高汤。鱼皮富含胶原蛋白，油炸或用开水焯熟之后食用皆可。

利用鱼肝、鱼骨制作的高汤，是鱼料理的最佳搭配，请务必一试。

鱼内脏中可能有寄生虫，尽量避免生食。

⑦ 充分利用香味

花椒、柚子、生姜的香味，是将料理提升一个档次的重要元素。青紫苏、紫苏芽、水蓼叶、芥末等都是不可或缺的佐料。

以花椒为例，早春时享受花椒嫩芽的清香，初夏时将成熟的花椒叶切碎，搭配花椒的花使用。花椒可以水煮或用酱油煮过，储存起来备用。花椒粉全年都可使用。日本人就是这样，通过香味来敏锐地捕捉季节的讯息。

对于简单的鱼类料理，建议添加一些不会破坏鱼类原汁原味的"柔和的香味"。将葱白丝、生姜丝迅速油炸一下拌入调味料，可抑制强烈的辛辣味，又可利用油温使之散发出柔和香味。各种香味相辅相成，变得越发新鲜。

将老姜榨成汁浇在料理上食用，只要少许姜汁，就能让料理焕发新生。但俗话说"过犹不及"，香味也是如此，过量使用反而会破坏鱼料理的美味，这一点要注意。

（八）不可残留鱼鳞或小骨

　　鱼类料理的预处理是非常重要的。哪怕有一根小骨或一片鱼鳞没有处理干净，都会给生鱼片或煮菜留下遗憾。尤其是用于粗炊（用鱼肉之外的材料做成的料理）或兜煮（用酱油、味淋等烹调而成的甜辣鲷鱼头）的食材，容易残留细小鱼鳞，在预处理时一定要注意。

　　如果砧板上残留着鱼鳞，就容易粘在切下的鱼肉上。所以砧板和菜刀一定要保持干净。

　　此外，有些保存方式也会使鱼带上腥味。鱼最好当天用完，如果一定要保存，也必须根据鱼的特性，采用适当的保存方式，以此保持良好的状态。这一点是非常重要的。最近，采用脱水膜（吸水纸膜）和真空袋保存鱼的方式较为流行。

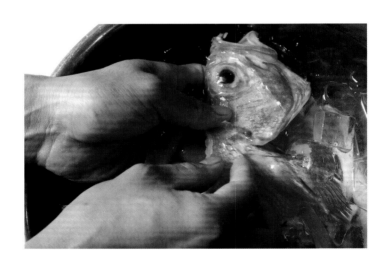

第一章
遍识经典料理

———————

本章用步骤图详尽地说明各种鱼贝类经典料理的烹制技法。从沿袭日本传统方法烹调的料理，到结合时代特点设计的料理都有。

鲕鱼昆布渍

昆布渍、盐、昆布、萝卜泥、芥末、割酱油（用果醋或出汁稀释而成的酱油）

鱼肉片成四部分，这是背部的鱼肉。体型过大的鲕鱼肌理粗糙，因此 10~12 千克的鲕鱼较适合做成生鱼片。昆布渍还适合做成凉拌菜。

昆布渍就是用昆布腌渍食材的做法。

虽然鲕鱼有着和青花鱼类似的特殊味道，但只要用昆布腌渍使其脱水，便可恰到好处地去除。同时，口感变得湿润、黏稠，美味更上一层。

堆积脂肪的腹部鱼肉容易氧化，因此背部的鱼肉更适合昆布渍。为了延缓氧化（老化），建议放在低于冰箱冷藏温度的环境下保存，方法是将其埋在碎冰块中进行腌渍。

片鱼

1
一只手拉住鱼尾，另一只手持刀从尾鳍的底部插入，将肉切下。

2
为方便处理，将鱼肉切成两半后，再用刀削掉血合。血合未处理干净，会留下腥臭味。

3
剔去附在鱼肉边缘的筋膜。

昆布渍

4
在鱼肉两面都撒上盐。盐量太少会调不出昆布中的美味，而太多又会使鲕鱼肉析出多余水分，使昆布发黏。

5
将昆布在水中迅速泡发，变软后用来包裹步骤 4 的鲕鱼。

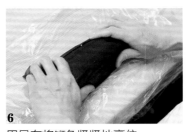

6
用昆布将鲕鱼紧紧地裹住。

7
为防止空气进入昆布与鲕鱼之间，再用保鲜膜紧紧加裹一层。

8
装入塑料袋，埋进碎冰块静置一晚。保存在低于冰箱冷藏温度的环境中，可延缓鱼肉老化。2 天后即可食用。

完成

9
用昆布渍过的鲕鱼。切除变色的部分。用平切法切下鱼肉，最后配上白萝卜泥、芥末等。

鲷鱼昆布渍

　　鲷鱼昆布渍的方法分两种，一种是将鲷鱼三枚切后片下渍制，另一种是片下后削薄成一口大小渍制。这里介绍后者，一种可以在短时间内出品的做法，供店内有客人临时点单时使用。

鲷鱼
盐、昆布
梅子肉干
昆布丝、芥末
三叶草

三枚切

1

切断鲷鱼尾。

2

从腹部的尾鳍上方将刀浅浅插入，划至鱼尾。

3

从刀口处提起鱼肉，一边观察内部的情况，一边将刀刃放倒，沿着中骨切下鱼肉。用刀时不要太用力，以免切断。

4

刀斜着竖起，置于背骨之上，顺着背骨，将鱼肉片离背骨。

5

接下来，沿着中骨将背侧的鱼肉切下。

6

切下一面的鱼肉。处理活鱼或肉质紧致、有弹性的鱼时，使用这种从单面切鱼肉的方式效率较高。

7

处理另一面的鱼肉。将鱼尾部分朝向自己，将刀从背鳍上方浅浅划入鱼身。

8

沿着中间的中骨切至脊骨，使之与中骨分离。

9

将鱼腹部分朝向自己，从鱼尾向鱼头方向，将刀沿着尾鳍浅浅划入。

10

从刀口沿着中间的中骨将鱼肉切离鱼骨。

11

切断腹骨的根部，将刀尖刺入脊骨上方，将鱼肉切下。

片鱼

12

用背刀将腹骨的边缘剔净。

13

将腹骨薄薄削下。

14

将鱼背侧的鱼肉一切为二。

15

从鱼腹侧的鱼肉上，将有细小脊骨痕迹的部位切成细长条。

16

将刀切入鱼尾根部，抓紧鱼皮的边缘并向外拉，用刀将鱼肉剔下。

昆布渍

17

将鱼肉片成薄片，抹少许盐，拿起用酒打湿的揾布擦拭昆布，再将片下的鱼肉铺于其上。

18

在铺好的鱼片上再覆一层昆布，放入冰箱冷藏2小时。如此操作，即便不按压上方的昆布，也可使其美味完全融入鲷鱼片中。

完成

19

用昆布渍过的鲷鱼片。用鱼片包裹少量梅子肉干，装盘。再盛上昆布丝和芥末，以及焯过水的三叶草（日本一种香辛类蔬菜，可用香菜代替）。

青花鱼棒寿司

做好棒寿司的关键，是醋渍青花鱼的程度。众所周知，醋渍青花鱼要根据鱼肉的厚度、脂肪的含量来决定抹盐以及醋渍的时间。制作棒寿司时，还必须根据用途来调整醋的用量，以及卷醋米饭的状态。

这是套餐中的一道堂食菜，因此醋渍程度较浅，目的是让食客充分享受青花鱼的口感。

青花鱼
盐、醋
醋米饭*
　米饭
　寿司醋（醋1.8升、砂糖900克、盐450克、昆布20克）

* 醋米饭：在用 1 合米煮成的米饭中调入 30 毫升寿司醋而成。

产自神奈川县的松轮青花鱼。宜选择体型大、肉质有弹性者。青花鱼身上常寄生异尖线虫，将鱼在 -20℃ 的环境中冰冻 24 小时以上，冻透鱼肉中心部位，便可将其消灭。要注意，芥末、酱油、醋等调味料不能杀死寄生虫。

三枚切

1 青花鱼鳞特别细小，因此建议用刀从鱼尾出发，用刀尖刮除鱼鳞。鱼鳍边的鱼鳞也须按住鱼鳍，仔细刮除。

2 将鱼头完整切除。

3 刀尖朝向鱼腹，从肛门浅浅插入，将鱼腹划开。

4 用刀尖剔出内脏，在流动水下洗净。用揾布彻底擦干水分。

5 将尾部朝向自己，刀从肛门浅浅切入，沿着中骨划至尾部。

6 切下鱼腹侧的鱼肉。

7 将鱼头朝向自己，将刀浅浅插入尾部，沿着背鳍切入鱼身。

8 沿着中骨，将鱼背侧的肉切下。

9 左手抓住鱼尾，用刀将背骨之上的鱼肉切离，切断尾鳍的根部。

10 青花鱼切成两半的样子。

11 刀从肋骨边缘插入，将其薄薄地片下来。

12

在鱼腹侧切下肋骨，调整形状。

16

从步骤 15 的刀口，将刀沿着中骨划入，切下鱼腹侧的鱼肉。切断尾鳍的根部。

20

将大量盐覆在青花鱼上。盐量以从青花鱼中析出的水分能够被全部吸收为宜。放入冰箱冷藏 2 小时。

13

切另一面的鱼肉。将鱼背朝上，从鱼头开始，将刀沿着背鳍插入。

17

薄薄地片下肋骨，在鱼腹侧切下，调整形状。

21

将盐除净，用流动水清洗。

14

从步骤 13 的刀口，将刀沿着中骨划入，切至鱼背侧的脊骨，切背侧的鱼肉。

18

切好的青花鱼。

22

为去除寄生虫，擦干鱼身上的水分，装入真空袋，冷冻 24 小时以上。待使用时再从冰箱中取出解冻。

15

将鱼腹朝向自己，将刀从尾部沿着尾鳍浅浅插入。

醋渍

19

在平底盘上铺一层厚厚的盐，放上切好的青花鱼。

23

将青花鱼从真空袋中取出，在醋中浸泡 25 分钟左右。可以在表面覆一层铝箔纸，以便让鱼浸没在醋中。

24

取出青花鱼，用厨房布将醋擦去。

棒寿司

25

从鱼头部分开始，用手将青花鱼皮向后拉。

26

在带皮的一面划出细细的刀纹。

27

为便于包醋米饭，切开较薄鱼腹侧的鱼肉。较厚的鱼背侧的鱼肉直接用，来产生分量较足的感觉。

28

将厨房布沾湿，将青花鱼放在厨房布的边缘。

29

将醋米饭压成棒状，置于青花鱼之上。有些店会在这一步将米饭揉出黏性，排出空气。

30

用沾湿的厨房布包裹严实，两端压紧。

31

放在卷帘上，从边缘开始，一边压实一边卷。

32

待定型之后，重新卷一遍，将两边压实。

33

迅速向自己的方向拉卷帘，卷实。

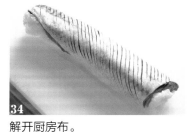

34

解开厨房布。

完成

35

切段、装盘。用红色树叶铺在盘底装饰。

梭子鱼烧霜

烧霜是鱼（带皮）做成生鱼片时，表面（带皮的一面）直接用火烤，再立即用冷水冷却的做法。

烧霜要点炭火。与喷枪不同的是，烧霜时从鱼肉上渗出的油脂滴在炭上，鱼肉被炭火的烟熏过，又添了独特的香味。

微火穿透鱼肉而产生的温度和口感立等可享，也是当场制作料理才能提供的。

梭子鱼
盐
酸橘
青紫苏、黄瓜丝
白萝卜泥、紫苏花穗、酸橘、水蓼叶（一种水草，是辣味调料）、芥末、土佐酱油

梭子鱼肉味清淡。时令季节的梭子鱼，鱼身丰满，脂肪肥厚。用火烤制鱼皮时，会有油脂逐渐渗出。

三枚切

1 紧抓住鱼头，用刀尖从尾部开始，仔细地刮除细小的鱼鳞。

4 将刀从肛门插入，切开鱼腹。

2 将梭子鱼竖起，刮除鱼背侧和鱼腹侧的鱼鳞。

5 用刀尖刨出内脏，用水洗净后擦干水分。

3 将鱼头完整切除。

6 将鱼腹朝向自己，从肛门入刀至鱼尾，将鱼腹侧的鱼肉切下。

7

将鱼背朝向自己，从尾部开始入刀，将背侧的鱼肉切下。

8

用刀背将尾鳍根切离鱼身。

9

将鱼肉切离脊骨。另一面的鱼肉也如此切离脊骨。

10

将肋骨切下。

11

切去肋骨的部位会残留细刺，用镊子夹住细刺，朝鱼头方向一拽便可拔除干净。

烧霜

12

烧霜处理会使鱼皮收缩，所以提前在鱼皮侧划出细细的刀纹，可防止破皮或卷曲。

13

将鱼皮侧朝下，用4~5根铁扦穿在鱼肉上。

14

在鱼皮侧撒少量盐。

15

用炽热的炭火炙烤鱼皮侧。不用冷水冷却，以免味道被冲淡。

16

将酸橘汁挤在鱼皮上。

完成

17

拔出铁扦子，切成易于入口的大小。在盘中铺上青紫苏，盛上黄瓜丝，叠上梭子鱼。再摆上白萝卜泥、紫苏花穗、酸橘、水蓼叶、芥末、土佐酱油。

乌鱼子

进入 11 月之后，照例要开始制作乌鱼子（即雌乌鱼的卵巢）。乌鱼子以前都是取盐渍过的乌鱼子，去除盐分之后，用玻璃板或拔板压平，使之干燥后制成。而近年来，稍柔软的半生乌鱼子已成为食客们的新宠。这里介绍不经压平，在柔软湿润状态下加工而成的乌鱼子。

制作好后可切成薄片，用作下酒菜。待边缘部分干燥之后，切碎做成拌菜调料也很美味。

乌鱼的卵巢
烧酒、盐

日本料理中，鱼子有时以零散的状态出现，有时包裹在卵巢中呈现如乌鱼子、辛子明太子（以辣椒和盐腌过的鳕鱼子）。乌鱼的卵巢宜选择颜色鲜艳，新鲜度好的（无异味）。图中所示为重 300 克的乌鱼子。

1

用手将乌鱼子上附着的鱼鳃根部摘除。

2

将乌鱼子掰成两段。

3

剥去黑色的薄膜。

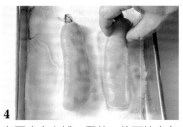

4

在平底盘上铺一层盐，将两块乌鱼子并排放在盐上。

5

在上面也铺厚厚的盐层，将乌鱼子埋入盐中。在常温下静置 5~6 小时。

6

待原本干燥的盐湿润之后，用烧酒清洗乌鱼子。烧酒的作用是使乌鱼子的香味更加浓郁。

7

待盐分洗净之后，将乌鱼子浸泡在烧酒中，在常温下静置 5~6 小时。

8

取出乌鱼子，擦干水分。

9

将乌鱼子摆放在盘中，不时翻动，以此晾干。过 7~10 天使其干燥。

10

加工完成的乌鱼子。用保鲜膜包裹，放入冰箱冷藏。如需长期保存，可采用真空包装或冷冻的方式。

完成

11

使用时，剥去表面的薄膜。切成薄片后装盘。

盐渍鱼子酱

养殖的西伯利亚鲟鱼的鱼子，大约需要 7 年方能长大。鲟鱼在 4 月产卵，因此 12 月至下一年 2 月是其时令季节。过了这个时期，鱼子就会成熟，逐渐变硬。

这里介绍从重约 10 千克的鲟鱼中取卵，制作鱼子酱的过程。如果不趁鱼尚鲜活时取，鱼子会有腥味。盐渍鱼子酱可装瓶保存 2 周左右，时间相当短。建议装瓶后，冷冻保存于 -60℃的环境中，使用前先移入冰箱冷藏层解冻。

鲟鱼子
盐（占鱼子重量的2.8%）
日本酒、浓口酱油各适量

鱼子·预处理

1
选择鲜活的西伯利亚鲟鱼，用刀背敲击鱼头，直至其死透。

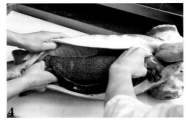

4
鱼的体型较大，建议两人合作取卵。将卵巢底部的肝脏也一同取出。

7
将卵巢在金属网上揉搓，从薄膜中分离出鱼子，剔除白色的油脂。

2
刀尖从肛门进入，朝着鳃盖骨的底部方向将鱼腹剖开。

5
准备一个大平底盘，将卵巢置于其上。取出时尽量保持整块卵巢的完整，以便分解操作。

8
从卵巢中分离出的鱼子。

3
打开鱼腹，可看见满腹的鱼子。

6
在盆上铺一张金属网，将卵巢置于其上。

9
在盆中注水，用筷子搅动。注意不可搅碎鱼子。餐厅中会使用具有抗氧化作用的水。

这是产自日本岐阜县中津川的西伯利亚鲟鱼。历经七年方才长成重约 10 千克的大鱼。

可在其时令季节冬季采购，制成鱼子酱，冷冻保存。

腌渍

10

用水清洗两三次。

11

残留的油脂和污物，用筷子仔细夹起、清除。静置片刻，控干水分。

12

倒入盐，滴入日本酒、浓口酱油各少许。量掌握在既可激发美味，又可中和其中令人不快的味道的程度。

13

用手轻柔地拌匀，使盐均匀地渗入所有鱼子。

14

将保鲜膜平整地覆在鱼子上，冷藏一天后试味，如味道不够可再加盐。

15

将鱼子装进用沸水煮过的瓶子，放在 –60℃中迅速冷冻。使用前移入冰箱冷藏层解冻。一周内使用完毕。

盐辛虾

　　盐辛是将生的鱼贝类或其内脏用盐腌渍的做法。

　　这里介绍的盐辛足赤虾（短沟对虾），在关西是一道著名的美食，因虾足赤红而得名。它更广为人所知的名称是熊虾。或许因捕获量小，在市场上不多见的缘故，价格不如斑节虾（车虾）高昂，但其鲜美的口感却不亚于斑节虾。此菜一般使用和歌山产的足赤虾。

足赤虾
　　腌料汁（日本酒、淡口酱油、浓口酱油、味淋、出汁 1:2:1:1:1，盐少许）
野菜调味汁：将刺嫩芽、红叶伞（一种野菜）等可以从市场上购买的野菜焯盐水，泡入腌料汁中而得。

足赤虾又称熊虾，特点在于虾足为红色，是关西非常受欢迎的虾。在和歌山之外的明石等地也可买到。

3

剥去虾壳、虾足。虾头用于熬汤、干炸或煎饼。

6

像鬼壳烤（指带壳开背，浇上调味汁烤制的做法）做法一样，将虾足从虾头上扯下。

虾的预处理

1

拇指伸入虾头的壳中，扭断虾头。

4

切下虾尾。

腌渍

7

从虾头取出虾脑。

2

连同虾线一起，将虾头摘离。

5

将刀从虾背切入，剖开身体。

8

取出的虾脑。外观呈灰色。

煎烤

生食

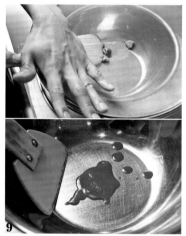

9

将步骤 8 中的虾脑用扁木勺来回碾成浆，过滤后呈现鲜红色。

10

在过滤好的虾脑浆中，添加适量腌料汁调匀。

11

将剥好的足赤虾腹部侧朝上，并排摆放在平底盘中。将步骤 10 的调味汁倒在盘中，直至将其浸没。

12

在其上盖一层铝箔纸，确保虾浸没在调味汁中，放入冰箱静置2 天。

13

食用方法分生食和煎烤两种。锅中不放油，加热，将虾壳面朝下放入锅中迅速煎烤。

完成

14

翻面，迅速煎烤虾肉后盛出。无论生虾还是煎烤虾，都切成适宜入口的大小后盛盘。浇上野菜调味汁。

内脏
鮟鱇鱼肝

鮟鱇鱼在冬季时脂肪肥厚，肝脏也长得更加肥大。常见的做法是，用卷帘将鮟鱇鱼肝卷成筒形蒸熟。如果食材很新鲜，则不必用卷帘将其卷成筒形，而是保持原态，在调过味的出汁中煮至入味。

如果购回的鮟鱇鱼肝已调味，可以直接使用。但如果想要蘸橙醋食用，则还需另外加工。

鮟鱇鱼肝2块（1千克／块）
煮汁
    出汁1800毫升
    砂糖130克
    日本酒200毫升
    生姜3片
    牛蒡1根
    大葱绿色部分3根
    朝天椒适量
干炸海老芋*
    海老芋（又叫虾芋，日本京都特产，口感粉糯细密）
    煮汁（出汁、味淋、淡口酱油12∶1∶0.5，少许盐、砂糖）
    淀粉、食用油
柚子

* 干炸海老芋：海老芋去皮，在煮汁中煮熟，冷却。上桌前蒸热，撒淀粉，入食用油中炸至表面酥脆。

宜选择块大、肥厚，且有弹性的鱼肝。如果在拔血（放血）时鱼肝碎裂，说明新鲜度已降低。如果选择的鱼肝不新鲜，煮时会融化。

清理·拔血

1
剔除残留在鱼肝上的粗筋和血管。鱼肝两侧都有。

2
对半切开，用手指将穿过鱼肝的血管中残留的血液挤出。

3
将鱼肝放入盆中，用流水拔除血液。不可在淡水中长时间浸泡，必须尽快拔血。

4
用手指沿着内侧的血管捋，如无血液渗出，即表示拔血完毕。

5
取出沥干水分。

煮

6
准备煮汁材料。将出汁和砂糖、日本酒、生姜混合后倒入锅中煮。切大葱、牛蒡，方法如图。

7
待步骤6的汤汁煮沸后，放入大葱、牛蒡、朝天椒。大葱和牛蒡可以增香、增味，朝天椒则起到提味的作用。

8
汤汁再次沸腾后，放入鱼肝，先开小火，再改中火，煮20~30分钟。如果沸腾过于剧烈，可能导致鱼肝爆裂。

9
关火，继续浸泡，使之更加入味。冷却后，连同蔬菜一起装入密封罐中保存。

鲷鱼白浓汤

鲷鱼白指鱼类的精巢。春天至夏天都是鲷鱼的产卵期，适合制作鲷鱼白浓汤。只要没有怪味，选择其他鱼也可以。比如河豚，也很适合作为此菜的食材，但对时令都有要求。

这里所使用的鲷产自兵库县明石。雄鲷鱼头较尖，雌鲷鱼则较为圆润，可根据外形特点判断。

鲷鱼白2条的量
出汁360毫升
盐1撮
淡口酱油少许
葛粉少许
蒸鲍鱼*
    鲍鱼
    混合出汁（出汁、日本酒、淡口酱油8：1：0.5）
花椒嫩叶

* 蒸鲍鱼：鲍鱼壳刷净，摆在平底盘中。蒸锅加热至散发蒸汽时，将平底盘放入蒸锅蒸。鲍鱼大小不同，蒸的时间也不同，每只300克的鲍鱼大约蒸15分钟。蒸好后直接泡入煮沸的混合出汁，在常温环境中自然冷却。

鲷鱼的鱼白。尽量选择白色鲜亮，无血丝残留者。如散发腥味，说明不够新鲜。

2 用刀背将粗的血管切下。

3 用扁木勺朝自己的方向碾鱼白，再用滤网过滤，滤出杂质。

1 将鱼白用水洗净，擦干水分，切成两段。

4 在过滤好的鱼白中，加入出汁和盐。根据浓度来决定加出汁的量。

5 调至图示的浓度，倒入锅中。

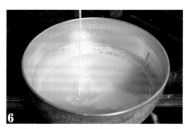

6 开中火，如果不够浓，可以加水葛粉调节。

7 调至图示的黏稠度，加入淡口酱油，以调节味道和香味。倒入碗中，将切成一口大小的蒸鲍鱼盛入碗中，最后用花椒嫩叶装饰。

文蛤扇贝芋薯丸

这是一道将鲑鱼、贝类、虾等打成肉泥，加入山药、蛋白、出汁等，搅拌均匀而成的美食。可以用来充当汤品中的主料，也可以用于蒸、炸等。加入山芋和蛋白的量大于肉泥，可使口感更加松软。

为了充分品尝到贝类的质感，这里介绍的菜肴，主材料是用刀背轻捶过的扇贝与文蛤肉，将其打成黏稠的肉泥，混合芋薯泥制成。对切成大块的贝类轻轻敲打，可使其更好地融入芋薯泥中。

海鲜芋薯丸
　文蛤3个
　扇贝2个
　肉泥（鲑鱼）200克
　大和芋（日本的一种山药，口感黏糯，很香）100克
　鸡蛋1个
　盐、淡口酱油各少许
八方汁*（出汁、淡口酱油、味淋8:1:1，盐少许）
调味汤汁（出汁、盐、淡口酱油、日本酒）
西芹梗、柚子丝

* 八方汁：所有材料混匀，煮沸30秒即成。

海鲜芋薯丸

1
从壳中取出扇贝肉，剔除坚硬的部分，剥去周围的薄膜。

3
取出文蛤肉。

5
待表面稍许变白之后捞出，抖干，再擦净剩余的水分。

2
刀从文蛤壳开口的缝隙中插入，将其打开。用刀在文蛤壳内壁上划动，切下两侧的贝柱（一边各1个）。

4
在出汁中加入盐、淡口酱油和日本酒，至散发出香味即成调味汤汁。放入扇贝和文蛤肉煮。

6
将扇贝和文蛤肉切成5毫米大小的丁，再用刀轻轻敲打。

7

将大和芋外皮刮去，在研钵中磨碎。

10

放入步骤6的扇贝和文蛤肉，搅拌均匀。

13

待丸子煮至膨胀，浮在汤面上，说明已经煮透。用筷子夹起，如感觉有弹性，即可关火。

8

将肉泥倒入另一只研钵，搅拌均匀，使之变得手感滑腻。打一个鸡蛋进去，继续搅拌均匀。

11

一只手抓取步骤10的食材，用拇指和食指将其捏成丸子，挤在汤勺上，放入沸腾的八方汁中煮。

14

上述加热时间约为5分钟，如需更加入味，可继续放在锅中待其冷却。临上桌前稍微加温，装盘，倒入温汤汁，以及焯过水的西芹梗，撒上柚子丝。

9

放入磨碎的大和芋、少许盐，少许用于增香的淡口酱油，搅拌均匀。

12

先将汤勺沾湿，食材泥才不会粘在勺面上。丸子脱离勺子放入汤汁，就会下沉。

风干马头鱼

马头鱼含水量大，鱼肉易散。但马头鱼在鲷鱼中，属于鱼肉较为紧致的高档品种。

这里介绍在室内制作风干马头鱼的方法。风干的目的不是保存，而是使味道浓缩在食材中。鱼肉表面干燥，有少许米黄色时，说明风干完成。将浓缩了美味的鱼肉加以煎烤，使之恢复松软即可。

马头鱼（日本叫白甘鲷）1条（1千克）
盐
马头鱼皮、食用油

马头鱼，又称百川鱼。宜选择背鳍边缘隆起且带肉的鱼。新鲜的鱼肉略带红色。

用清水洗

1
先将马头鱼的胸鳍翻折入鳃盖骨中，如此可便于刮除鱼鳞。

4
用刀尖切入鱼鳃周围将鱼鳃切离，切断与鱼下巴的连接部位。

7
用流动水清洗鱼腹后擦干水分。

2
紧紧按住尾鳍的根部，用刀背从鱼尾开始沿着鱼身上下刮动，刮除鱼鳞。

5
用刀从鳃盖骨下方朝肛门方向切开鱼腹。

8
接下来切鱼腹侧。从鱼头至鱼尾，刀从腹鳍及中骨之上插入，切下鱼腹侧的鱼肉。

3
背鳍边缘等部位，用刀沿着鱼身，从砧板左侧向右侧推。鱼腹侧容易破裂，刮鳞要小心。

6
将鱼鳃连同内脏一起拉出体外。

9
切下脊骨上方的鱼肉。

10 刀从脊骨对面，中骨上方插入，切开背侧的鱼肉。

13 卸下中骨。首先，将打开的鱼身朝下，刀从鱼尾朝向腹鳍及中骨之上插入，切除中骨。

16 将连在两侧的肋骨削下。首先，用刀背切离肋骨的根部。

11 背部朝下，将鱼头对半切开。

14 切断肋骨根，抬起鱼身，刀斜着竖起，置于背骨之上，将背侧的鱼肉切下。

17 将鱼身转一个方向，薄薄地削下肋骨。

12 向两边打开鱼身。

15 切下鱼肉之后，在尾鳍的根部位置，切断中骨。

18 用镊子拔去残留的细刺。左手指抓起鱼肉将其按住，向鱼头方向拔较为省力。

风干

13 在平底盘上撒盐，量比薄盐（指轻撒一层盐）略多一些，鱼皮朝下放入盘中，再在上方撒盐，静置 20~30 分钟。

20 在眼睛上方，将铁扦子穿过鳃盖骨的根部，在室内风干一天。如果是小鱼，半天即可。如果用风扇吹，短时间内即可吹干。

21 削下的鱼皮也穿起来风干。

22 表面风干后，鱼肉会稍显米黄色。

23 切断鱼鳍和细刺，将鱼肉切成段。

串起

24 将鱼肉折弯，用三根铁扦子等距离穿过鱼肉。

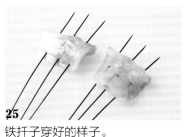

25 铁扦子穿好的样子。

烤制

26 鱼肉侧朝向炭火烤至有油脂滴落，稍许变色之后，再烤鱼皮侧。烤完之后，拔出铁扦子，盛盘。

鱼皮

27 将鱼皮切成易于入口、大小相等的尺寸，在 150℃ 的食用油中炸干水分至口感酥脆。

28 以泡沫消失、水分炸干为宜。

29 捞出后控干油分，摆放在鱼肉旁。

盐烧香鱼

　　盐烧指在鱼身上撒盐烤制的做法。

　　如何让一条鱼从头到尾都好吃呢？建议不要直接放在炭火上烤，而是架在炭火上方，如同烘干一般慢慢烘烤。从香鱼身上渗出的油脂流向鱼头，这与油炸的效果类似。

　　这种做法相当耗时，但相当好吃。

香鱼（又称八月香、肥鱼）
盐
蓼醋*
　　（水蓼叶适量，盐少许，千鸟醋适量）

* 蓼醋：在研钵中放入水蓼叶（见25页），加少许盐，捣碎。在此状态下保存。需要时，用适量千鸟醋化开使用。

穿起

1 让香鱼头朝右（背面朝上），从眼睛下方至幼鲑斑（腹鳍的上方有一处黄色色斑）的位置，用铁扦子穿过。铁扦子越过中骨穿向对面，但应注意避免穿透鱼身。

3 将尾鳍向上弯曲，铁扦子穿出尾鳍下侧。

2 翻面，铁扦子从香鱼一半左右的位置穿至中骨的对面，注意避免穿透鱼身。

4 穿好铁扦子之后，形成一个香鱼在水中奋力游动、逆流而上的姿势。

5

为防止铁扦子发生转动，可以从旁边穿两根竹扦子加固。如果使用多根竹扦子的话，为调节火候，可以分成两条、三条分别烘烤。

烘烤

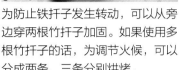

6

用揩布轻轻擦干水分，盛盘时朝上那一面先撒上盐。

7

单手抓住穿起的数条鱼，摆成扇形，从撒盐的一侧开始烤。

8

鱼皮侧烤干，盐立在鱼皮表面之后翻面，撒上盐充分烘烤。此后翻面反复烘烤。

9

如图所示，鱼身烤成金黄色之后，将炭堆在鱼的两旁，继续烘烤，注意不要碰到炭火。数次翻面，充分烘烤。

10

待油脂滴落时，移开靠外侧的烤架，抬高鱼尾侧，让油脂流向鱼头，烘烤的效果如同油炸。鱼头吃起来十分酥脆。

11

翻面数次，让炭火将鱼烤透。

12

最后将鱼移至炭火上，将鱼皮烤至焦脆。拔下扦子，装盘，用水蓼叶装饰。用小碟盛放蓼醋，一同上桌。

干炸河豚

河豚处理掉有毒部分后，头、鱼鳃下方周边部位、嘴、带骨肉都可以食用。鱼身上肉质肥厚、贴近骨骼的鱼肉最美味。附在鱼腹侧的莺骨，一条河豚身上仅有一块，拥有独特而爽脆的口感。

半生状态的河豚肉咬不断，而且骨、肉也难以分离。因此建议在170℃的食用油中炸过再享用。

河豚
　带骨肉、鱼鳃下方周边部位、鱼头、鱼嘴
腌料汁*
　（日本酒2升，味淋800毫升，淡口酱油600毫升，生姜汁少许）
淀粉、食用油（太白芝麻油）
盐

* 腌料汁：前3种材料煮沸，加姜汁即成。

3 切下鱼尾，进行三枚切。必须将大块鱼肉留在鱼骨上。

切大块

6 刀从关节的连接处插入，将带骨肉切成大块。

三枚切

1 切下鱼的上身（鱼头朝左放置时，从鱼头以下到胸鳍之上的部位）。先将刀从附在鱼腹侧的莺骨周围插入。

2 切下莺骨，用水清洗。

4 上身已经切成三枚。右侧的两枚是鱼肉，左侧的是带骨的鱼肉。

5 留在鱼骨上的肉厚度如图，这个厚度适用于火锅。

7 鱼鳃下方周边部位左右对半切开，再分别对半切成适宜入口的大小。

8 鱼头对半切开。鱼嘴清洗干净。

用于干炸的部位如图。上排左起为鱼嘴、鱼鳃下方周边部位，下排左起为鱼头、上身。

腌渍

9
将步骤 8 中的鱼肉放入盆中，倒入腌料汁，放入冰箱冷藏 4~5 小时，其间不时取出搅拌。

10
从冰箱中取出，置于铺着铝箔的平底盘中，擦干水分。

11
将鱼肉裹上淀粉，并在手中捏握使之粘得更紧。

12
将鱼肉放入 170℃ 的太白芝麻油中炸。刚放入时，油中会有泡沫翻腾。

13
待泡沫不再剧烈翻腾，鱼肉炸出浅浅的金黄色时取出，控干油分，撒上盐。

柔煮章鱼

柔煮是为避免肉类或鱼贝类的肉质变硬采取的特殊的做法。自古以来就有一种说法，为了将章鱼煮出柔软的口感，煮之前可以用白萝卜敲打章鱼。但敲打不仅会使肉质松软程度不均匀，还会产生热量，给章鱼造成压力，影响成品的口感。为了在不造成负担的状态下使肉质变得柔软，可以暂时冷冻一下，再破坏其肌肉组织。

晴山餐馆所使用的章鱼，产自福井县敦贺湾，捕获后立即剪断其神经线，在 –60℃ 的环境中冷冻一夜。餐馆采购回来后，在流动水下冲淋，直至解冻后方才作为食材使用。

这道菜所使用的章鱼，1 只重 2 千克。1.2~3 千克大小是较为常见的，但大个的章鱼较美味。

章鱼（又名八爪鱼）、盐
混合出汁*（出汁960毫升，日本酒80毫升，砂糖60克，浓口酱油80毫升）、生姜、大葱、朝天椒
翡翠茄子*
　茄子、食用油
　八方汁（见38页）
水溶芥末粉

* 混合出汁：所有材料混匀即成，为了也能用于其他料理，宜将混合出汁的味道调得稍淡一些。使用时再根据料理的需要调味。

* 翡翠茄子：茄子竖切，放入170℃的食用油中炸，取出后立即浸入冰水中，剥皮。然后泡入凉的八方汁中，再切成统一大小。

采购的章鱼是用网袋及塑料袋裹紧冷冻的。

预处理·清理

1 从袋中取出章鱼。

3 切下头。

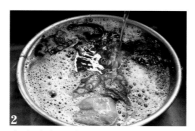

2 在流动水下冲淋解冻。

4 在章鱼腿上撒盐，以清除黏液及其他污物。盐不宜太多，否则会渗入章鱼肉中。

5

张开五指捋章鱼腿，将污物捋下来。

6

分切章鱼腿。腿尖上的各种细菌很难清除，须切除。

7

在流动水下泡 4~5 分钟以清除盐分。

8

清除吸盘中吸附的污物，置于笊篱上控干水分。

蒸

9

将生姜、大葱、朝天椒放入混合出汁，以添加辛香味。

10

待步骤 9 的汤汁煮沸之后，一根根放入章鱼腿。

11

再次沸腾之后，撇除汤面上的浮沫。这些操作的目的不是加热章鱼，而是为了在蒸煮之前加热混合出汁。

12

盖上纸盖，用保鲜膜覆盖数层，蒸锅加热至散发蒸汽时，开大火蒸 30 分钟。

13

将锅从火上取下，仍然盖着保鲜膜以防水分蒸发，在常温下冷却。

14

冷却之后，揭开保鲜膜和纸盖，盖一层厨房纸巾，让所有食材都能浸泡到汤汁。在冰箱中冷藏一夜后再使用。可以保存三天。将柔煮章鱼切成一口大小，与翡翠茄子一同装盘，浇上水溶芥末粉。

蒸鲍鱼

　　晴山餐馆所用的鲍鱼是黑鲍鱼。因为无论是加工还是蒸煮，黑鲍鱼都能保留鲍鱼特有的香气和良好的弹性。这里选购的是产自福井县的7~10年黑鲍鱼，重约500克。选择肉质肥厚、分量重者为宜。

　　鲍鱼本身已含盐，无需另外加盐，否则蒸煮时肉质会变硬。同时，带壳蒸煮也是为了保留海水特有的香味。

　　如果是小个鲍鱼，可以加一片在出汁中煮过的昆布以增加美味。但大个的鲍鱼味道已足够鲜美，因此直接蒸煮即可。

鲍鱼
日本酒

宜选择分量重、肉高高隆起、肉质肥厚的鲍鱼。

清理

1 为避免给活鲍鱼造成压力，要快速刷鲍鱼肉，因为要带壳蒸，鲍鱼壳也须刷洗干净。

2 在流动水下迅速清洗。尽量少接触淡水。更为讲究的做法是用牙刷来刷洗。

3 边缘富有弹性的鲍鱼，蒸煮之后不容易缩水。

蒸煮

4 将鲍鱼摆放在平底盘中。重叠会使鲍鱼变形，因此尽量不要摆得太紧凑。

5 浇上日本酒。分量以鲍鱼壳也能够浸没为宜。

6 覆盖数层保鲜膜，以防水蒸气进入。

7 蒸锅加热至散发蒸汽时，放入鲍鱼蒸 4 小时。由于鲍鱼个头较大，蒸的时间可能稍长。

8 蒸好的鲍鱼。为防止水分蒸发，仍然盖着保鲜膜，在常温下冷却。

9 揭开保鲜膜，将鲍鱼肉从壳中取出，去除肝脏和鲍鱼嘴。

10 放入深底盘中。

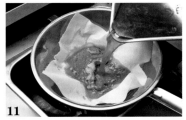

11 盘中盖上过滤纸，汤汁过滤入鲍鱼中。

12 盖一层厨房纸巾，让所有食材都能浸泡到汤汁。放在冰箱中冷藏一夜后再使用。可以保存 3 天，但最好一次性全部用完。

兜煮鲷鱼

　　粗煮是将鱼头及其他预处理后的身体部位烹调而成的料理，其烹调的魅力之一，在于跳过那些繁琐的前期处理，而直接提供保留原味的美食。本节将通过兜煮（兜煮是粗煮的一种方式）鲷鱼，介绍粗煮的基本方法。

　　兜煮鲷鱼需要较浓的甜辣味调料，用大火在短时间内烹煮，再倒入汤汁混合烹煮。正因为步骤简单，为了避免鱼鳞或血合残留，必须在烹煮前进行多个步骤细致的预处理。

鲷鱼头1只

煮汁（水180毫升，日本酒180毫升，味淋90毫升，砂糖30克，浓口酱油150毫升）

花椒*

* 花椒：需提前在盐水中焯过。

产自德岛的真鲷。用于兜煮时，要在鱼鳃下方周边部位留较多的鱼肉。

用清水洗

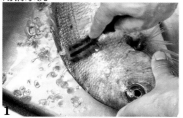

1 紧按住鲷鱼头，从鱼尾开始刮除鱼鳞，将体表的鳞片刮净。

4 打开鳃盖骨，沿着鱼鳃插入刀，将两侧的鱼鳃切离。

7 用刀尖切下腹膜。沿着脊骨切除残余的血合。

2 刮除鱼头附近、鱼鳍边缘、鱼腹侧面的鱼鳞时，要按住鱼鳍，用小幅动作细细刮除，尽量不要有残留。

5 将刀伸入鳃盖骨的根部，从那个位置插入鱼腹，划开鱼腹。

8 在流动水的冲淋下，用竹刷将血合刷净。

3 擦干水分，用刀尖再次刮除鱼鳍边缘的鱼鳞。

6 抓住鱼鳃，与内脏一起拉出体外。

9 拉起鲷鱼的胸鳍，刀从两侧插入，将鱼头连带鱼鳃下方周边部位切下。

10

将厚刃菜刀的刀尖插入鱼嘴，确认刀尖抵达砧板。

14

在热水中烫一下，立即捞起泡入冰水。

18

浮沫撇净后，倒入砂糖、浓口酱油，盖一层纸盖，开大火煮。

11

刀尖保持抵住砧板，将鱼头斩成两片。

15

最后检查是否残留血合和鱼鳞。

19

煮至汤汁沸腾，泡沫将鲷鱼遮盖住看不见的程度，调整火候，保持图中的状态（不要揭开纸盖）。

12

切开鱼头后，切下胸鳍和腹鳍尖。

煮

16

在锅中倒入水、日本酒和味淋，将步骤 15 中的鲷鱼皮朝上放入锅中，开大火。

20

如汤汁粘在锅壁上，可用沾湿的振布擦净。煮至散发出焦香味。

霜降

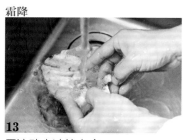

13

用流动水冲掉血合。

17

待汤汁沸腾后改小火，撇去浮沫。

完成

21

煮好的鲷鱼。大火煮的时间以 10~15 分钟为宜。装盘，撒上花椒。

炖煮金吉鱼

　　金吉鱼一般连鱼头三枚切。炖煮鱼的关键是用大火。大火加热时，锅中汤汁会大量起泡，将鱼肉包裹住，达到如同蒸鱼般的效果。

　　这里使用的是产自北海道根室的一本钓的（仅用单个钓竿、单个钓钩的钓鱼方法）金吉鱼。一本钓鱼的优点是鱼肉紧致，没有鱼腥味。此鱼油脂丰富，因此用较重的调味料迅速烹调，可使之很好地入味。

金吉鱼（又叫吉次鱼，日本叫喜知次鱼）1 条 530 克
煮汁（出汁、日本酒、味淋、砂糖、浓口酱油
　4：1：0.25：0.25：1）
笋（焯水处理）
花椒嫩叶

三枚切（带鱼头）

1
刮除金吉鱼的鱼鳞。抓紧鱼头，从尾部开始，竖着刀刃朝向鱼头刮落鱼鳞。鱼腹及鱼鳍边缘的鱼鳞，用刀尖仔细刮除。鱼鳞会到处飞溅，因此建议放在水槽中刮鳞。

2
抬起鳃盖骨，用刀尖切断鱼鳃的根部。

3
从鱼头朝向肛门方向，切开鱼腹。

4
用刀紧压住鱼鳃的根部，去除鱼鳃及内脏。

5
将刀伸入中骨上方，从鱼头向鱼尾划动，切鱼腹侧的鱼肉。

6
一直切到脊骨上方为止。

7
从鱼尾朝向鱼头，将刀浅浅插入背鳍上方，从这个位置再伸入中骨上方，切下背侧的鱼肉。

8
从脊骨上切离鱼肉，并割下鱼头。

9

将两片鱼身切离。

13

用刀背切断肋骨根部之后，薄薄地削掉肋骨。

炖煮

17

准备一口刚好可以并排放入鱼肉的广口锅，将步骤16的鱼肉放入锅中，再倒入煮汁，直至没过鱼肉。

10

另一面的鱼肉也用同样方法切。从鱼头朝向鱼尾，在背鳍上划开一道浅浅的刀口，从此处将刀伸入中骨上方，将背侧的鱼肉切离。

14

用镊子夹住细刺。紧按住周边的鱼肉，捏住镊子向鱼头方向拔除。如果不按住鱼肉，无法很好地拔除鱼刺。将残留在鱼腹和鱼头中的血合清除干净。

18

用铝箔纸充当锅盖，开大火。应选择重量较轻的铝箔纸盖，能够覆盖汤汁表面，且能被锅中气泡顶起。

11

将鱼腹朝向自己，将刀伸入腹鳍之上，中骨上方，从鱼尾朝向鱼头，切离鱼腹侧的鱼肉。切断尾鳍。

开水烫

15

将鱼皮朝上，摆放在平底盘中，浇遍热水，再迅速泡入冰水中。

完成

19

当汤汁收至图示的状态时即可。最后放上去除了涩味的笋，以及花椒嫩叶。

12

已完成带鱼头的三枚切。最下方的是中骨。

16

如有残留的鱼鳞应清除。

煮星鳗

煮物是用炖煮或红烧方式烹调的菜肴。提供给食客的煮星鳗，是计算着上桌时间烹调的美食。刚出锅的煮星鳗肉质柔嫩，口感松软。烹制方法与兜煮鲷鱼不同，在味道调得较淡的材料中加入星鳗，开中火慢慢加热，可避免将肉煮碎，还可使肉质松软。此菜随点随做，不预先制作。

星鳗（又叫海鳝、沙鳗，日本叫穴子）
煮汁（出汁200毫升、煮切酒*200毫升、味淋200毫升、淡口酱油200毫升、砂糖200克）
花椒粒
海苔丝、生姜丝

* 煮切酒：将酒加热至酒精挥发殆尽剩余的酒汁。

鲜活的星鳗。斩断头部，将血放净，可以保鲜。

开背

1 将星鳗的背部朝向自己，放在靠近砧板边缘的位置，在眼睛后部插根锥子，将其钉死在砧板上。

2 刀从胸鳍附近插入。

3 左手食指按在鱼皮上，感知刀尖行进到什么位置，拇指压住刀锋往尾部切。

4 已经开背至尾部。

5 切下内脏的根部，将内脏往外拉出。

6 将刀插入中骨的下方，从头部朝向尾部，薄薄地削下中骨。

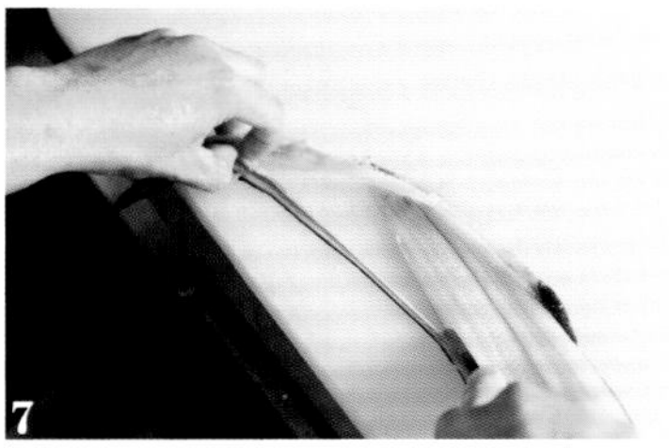

7 切离至尾部后，连着中骨，从尾部朝向头部方向切断背鳍。

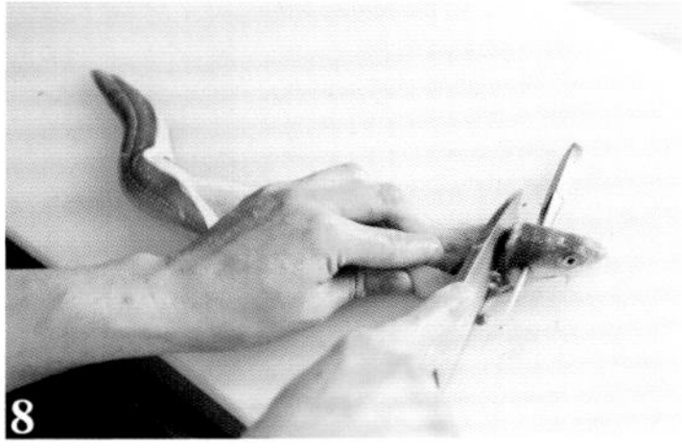

8 切断腹鳍后，切断头部。

霜降

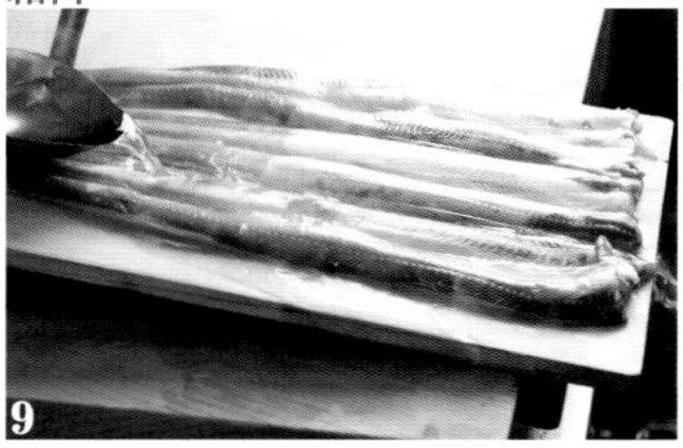

9 倾斜砧板，将星鳗皮朝上摆放，浇热水。

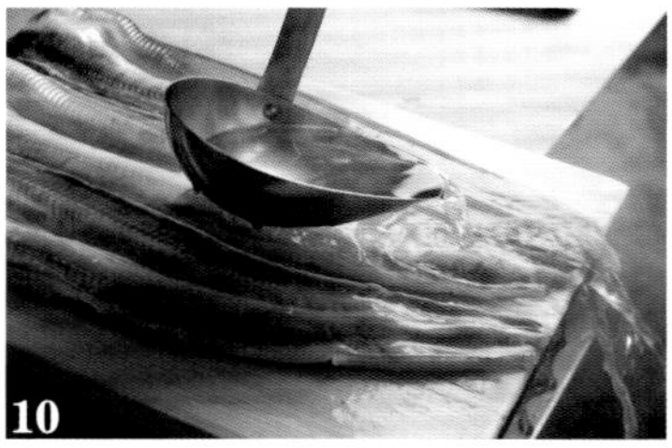

10 倒转砧板的方向，从另一头浇热水。

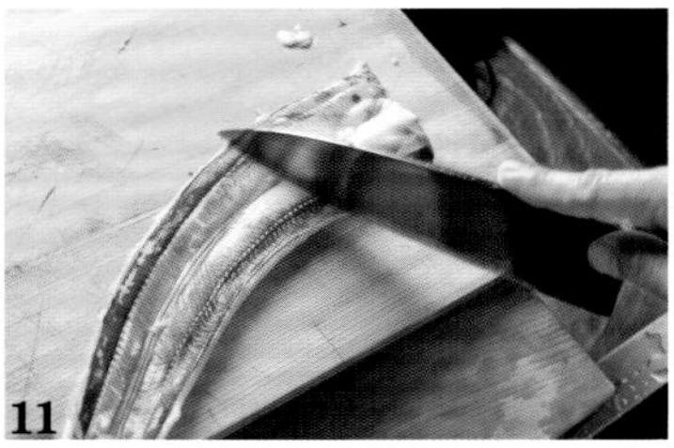

11 用刀刮去黏液，清洗。黏液如有残留，会使其发臭。

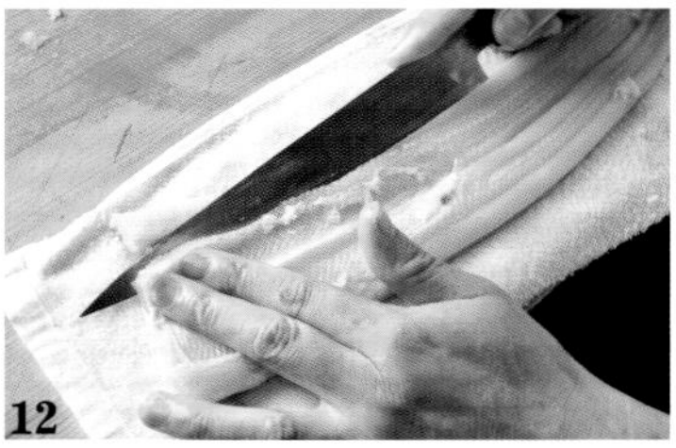

12 擦干水分，放在振布上以防滑动。将边缘切整齐，薄薄地削掉肋骨。

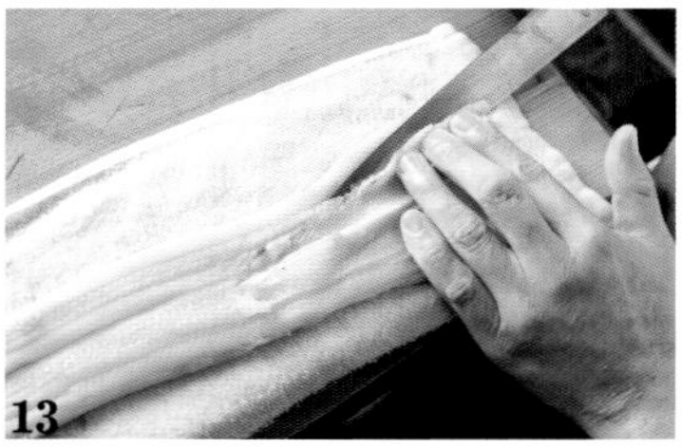

13 倒转方向，将另一侧的肋骨也薄薄地削掉。

煮

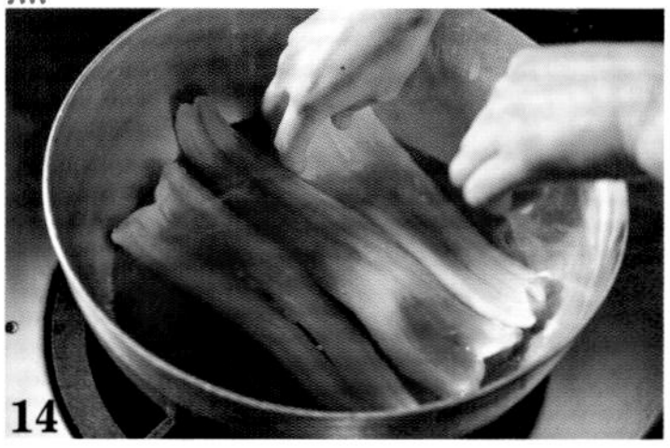

14 准备一口锅，可以将一根星鳗笔直地放入其中。再倒入煮汁，鱼皮朝下将星鳗摆放在锅中。煮汁太多会使味道变淡，以刚好浸没鱼肉为宜。

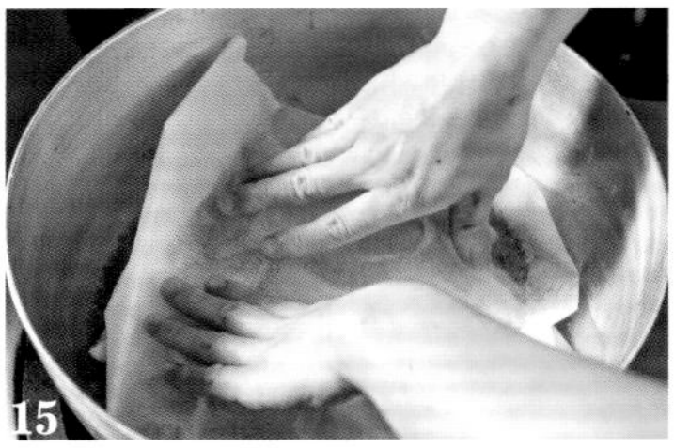

15 在星鳗上覆一层纸盖，待汤汁沸腾后改中火，煮 15 分钟。

完成

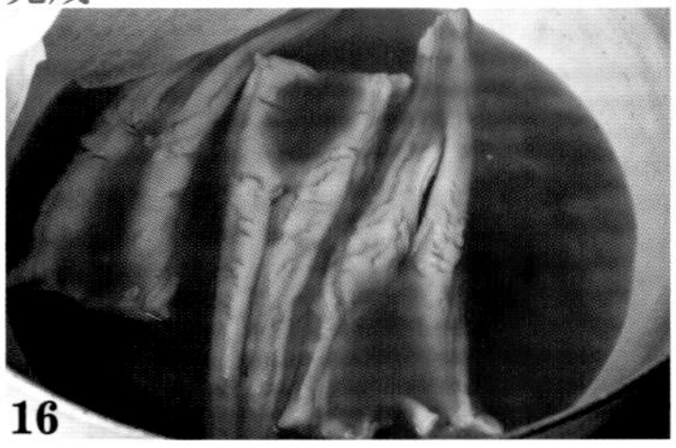

16 已煮至肉质松软的状态。盛盘，浇上满满的汤汁，撒上花椒粒、生姜丝、海苔丝。

第二章
鱼类一品料理

———————

一品料理是日本进餐形式之一，即零点菜单。

本章集中罗列了以鱼贝类为主要食材的一品料理。

介绍 100 多款使用鱼贝类制作的料理，从前菜至米
饭，全面囊括。

| 六线鱼 |
六线鱼配
豌豆酱汁

　　六线鱼在大阪地区俗称油女鱼，这里使用的六线鱼产自兵库县明石市。春、夏两季都美味的六线鱼，搭配同属这两季时令蔬菜的豌豆制作的菜肴，是很受欢迎的一品料理。六线鱼未去骨，油脂丰富的鱼皮经过煎烤，其口感既酥又脆。

| 六线鱼 |
六线鱼苗配
漉油菜天妇罗

　　此道料理用六线鱼的鱼苗油炸而成。将鱼苗在稍低的油温中油炸较长时间，炸至从头到尾都酥脆的程度。食材选用产自兵库县明石市的六线鱼。

| 赤贝 |

赤贝配
盐辛章鱼

此道料理使用宫城县出产的赤贝，搭配三陆出产的盐辛章鱼，是一道下酒佳肴。赤贝不加酱油，食客从中品尝到的是来自盐辛的咸味。

| 赤点石斑鱼 |

骨蒸
赤点石斑鱼

骨蒸是用鱼的头和中骨等边角料加酒蒸煮而成的料理。利用蒸煮的方法，对鱼的边角料慢火细烹，直接将鱼的骨胶原都浓缩在鱼肉之中，口感也讲究原汁原味。除赤点石斑鱼之外，还可以使用珊瑚石斑鱼、双棘石斑鱼等体型大、油脂肥厚的鱼的边角料来制作。这里使用的赤点石斑鱼产自山口县萩市。

六线鱼配豌豆酱汁

六线鱼（日本叫油女鱼）1条1千克

橄榄油

豌豆酱汁（豌豆泥、出汁6:4，盐、淡口酱油、
　水葛粉）

1 将六线鱼三枚切（不要留小刺），切成
　150克左右的鱼块。

2 制作豌豆酱汁。取豌豆，焯盐水后立即
　泡入冰水，待其变成鲜绿色之后，在滤
　网上压成泥。

3 步骤2的豌豆泥与出汁的比例是6：4。
　豌豆泥加入出汁，开火，用盐调味，滴
　入淡口酱油提香，用水葛粉勾芡。

4 在平底锅中倒入橄榄油加热，将步骤1
　的六线鱼皮朝上放入锅中煎。煎至鱼皮
　酥脆，翻面迅速煎一下鱼肉即可。

5 将豌豆酱汁倒在盘中，将煎好的鱼肉置
　于其上。

六线鱼苗配漉油菜天妇罗

六线鱼苗、淀粉、食用油、盐、漉油菜（日本
　一种时令野菜）、低筋面粉、面衣 *

* 面衣：蛋黄与水调和，再加入适量低筋面粉搅拌
　而成。

1 将六线鱼苗上裹上淀粉，在170℃的食
　用油中炸，捞出后控干油分。

2 将漉油菜裹上低筋面粉，在面衣中浸泡
　片刻，放入180℃的食用油中炸，捞出
　后控干油分。

3 将炸好的鱼肉与漉油菜天妇罗装盘，撒
　上盐。

赤贝配盐辛章鱼

赤贝

盐辛章鱼

九条葱（产于日本京都，味道清甜不辣）、醋
酸橘、青紫苏

- -

1 将赤贝从壳中取出，拆下贝足。赤贝肉
   对半切开，去除内脏，留下肝，放入热
   水中加盐焯水。清除贝足的外膜及黑色
   部分。

2 在赤贝肉上划出细细的刀纹，在砧板上
   敲打使之收缩。

3 将九条葱焯热水，将表面的黏液捋下
   来，用醋洗净，切成适宜入口的大小。

4 在盘中铺上青紫苏，盛上九条葱，再盛
   上赤贝，将盐辛章鱼夹杂其间。再摆上
   贝足和肝，用酸橘点缀。

骨蒸赤点石斑鱼

赤点石斑鱼（又叫红斑鱼）1 条 1.5 千克

昆布、日本酒

刺嫩芽

混合出汁（出汁、日本酒、淡口酱油 8∶1∶1）

橙醋

- -

1 赤点石斑鱼取鱼鳃下部肥厚的部位，用
   热水进行霜降处理。

2 在平底盘上铺一层昆布，将步骤 1 的材
   料置于其上，洒上日本酒。蒸锅加热至
   散发蒸汽时，平底盘放入蒸锅，大火蒸
   15~20 分钟。蒸煮的时间一般根据食材
   的大小、鲜度而定，如果鲜度高，一般
   蒸 15~20 分钟为宜。

3 选取已打开叶片的刺嫩芽，在混合出汁
   中快煮，以保持不褪色。

4 将赤点石斑鱼盛盘，用刺嫩芽装饰。混
   合出汁煮沸后浇在菜品上。橙醋另外提
   供。刺嫩芽略带苦味，搭配橙醋食用可
   减轻苦味。

白芦笋配
腌渍花蛤

产自三河（爱知县梶岛产）的大花蛤，肉质肥厚，口感丰盈，魅力独具。蛤肉会随着新鲜度的下降而变瘦。如果加热过度，蛤肉也会收缩，风味受损。将白芦笋腌渍在煮过花蛤的汤汁中，还可使料理更有整体感。

|竹荚鱼|

韩国风味
竹荚鱼泥

竹荚鱼用刀剁碎也无妨，而若要享受丰盈的口感，建议粗略地刀切加工。用芝麻油增香，再用味噌稍微拌一下。

| 星鳗 |
烧霜星鳗薄片
配汤引鱼皮

汤引是将食材快速浸入热水，再投入冷水的烹调方法。此道料理调和了两种口味：一是口感活色生香的生星鳗，来自薄切星鳗；二是削骨后烤制的星鳗。鱼头附近油脂丰富，细刺较多，因此选择烤制，鱼尾附近则用于薄切生食。食材选用兵库县明石市出产的星鳗。

| 星鳗 |
传助星鳗
配天茶

"传助星鳗"是关西一带的著名鱼类，市场上出售的大型星鳗重达1千克以上。可以削骨烹制，也可像普通星鳗那样蒲烧。传助星鳗的油脂比寿司星鳗的肥厚，在关西一带非常受欢迎。这里介绍的做法是开腹，薄切，裹上天妇罗面衣炸得雪白，再配上天茶。

白芦笋配腌渍花蛤

- -

花蛤

煮汁（昆布高汤 * 和日本酒 6:1，盐、生姜汁各
 少许）

白芦笋、盐

花椒嫩叶

* 昆布高汤：将 150 克昆布在 8 升水中浸泡 24 小时，
 再煮 1~2 小时。取出昆布后，让锅中汤汁沸腾 30
 秒，撇去浮沫。

- -

1 用水清洗花蛤，刷净壳，放入锅中。倒
   入煮汁，至淹没花蛤为止。盖上锅盖，
   开火。

2 花蛤壳打开之后立即关火，取出花蛤
   肉。过滤煮汁，加入适量日本酒、生姜
   汁（另备）调味，然后加入花蛤肉，浸
   入冰水中急速冷却。冷却后，将花蛤肉
   捞出，放在冰箱中冷藏。

3 白芦笋削皮，在加盐的热水中煮。待变
   软后捞出放入冰水中，片刻后捞出，控
   干水分。

4 步骤 2 的汤汁倒出一部分，将煮好的白
   芦笋浸泡其中约 1 小时（预渍）。

5 将白芦笋捞出，再取一部分步骤 2 的汤
   汁，放入白芦笋浸泡 2 小时，使之入味
   （本渍）后冷却。

6 将步骤 5 的白芦笋切成适宜入口的大
   小，装盘，摆上花蛤肉。用花椒嫩叶
   装饰。

韩国风味竹荚鱼泥

- -

竹荚鱼（又叫马鲭鱼、巴浪鱼）半片、青紫苏
 （切丝）、紫苏叶

混合味噌

 辣味麦味噌、砂糖、出汁（调和用）

火葱、生姜、青葱、芝麻油

- -

1 制作混合味噌。将辣味麦味噌和砂糖以
   4：1 的比例混合，倒入适量出汁，开
   火加热。当砂糖完全溶解后关火，倒入
   碗中，静置一夜使之入味。

2 将竹荚鱼去皮，切碎。

3 上桌前，将切碎的火葱、生姜、青葱加
   入步骤 1 的混合味噌中，调入芝麻油
   增香。

4 在步骤 2 的竹荚鱼中，拌入 2~3 大勺步
   骤 3 的调料。

5 在盘中铺上紫苏叶，摆上步骤 4 的鱼
   糜。用青紫苏丝装饰。

烧霜星鳗薄片配汤引鱼皮

星鳗 1 条 300 克

紫苏花穗

稀释酱油（浓口酱油、出汁 2 : 1）

1　用刀刮除星鳗表面的黏液，剖开鱼腹。如果星鳗足够新鲜，可以不用盐来擦拭表皮。

2　从星鳗腹部后侧切开成两段。在残留着肋骨的鱼头附近，从鱼身侧面划出细细的刀纹，将刀伸入，切断鱼骨。穿上扦子烤制。鱼皮面慢烤，鱼肉面速烤。烤至表面略呈金黄，鱼肉保持生的状态即成烧霜。

3　腹部后侧靠近尾部的鱼肉上有细小的鱼刺，因此剥去鱼皮，用刀薄薄地片下鱼肉。剥下的鱼皮用热水烫一下。

4　将烧霜和薄切鱼肉盛盘，再摆上烫过的鱼皮、紫苏花穗、稀释酱油。

传助星鳗配天茶

传助星鳗

天妇罗面衣 *（低筋面粉、鸡蛋加水）

米饭、食用油

鸭儿芹梗

芥末

天茶 * 出汁（出汁、盐、淡口酱油）

* 天妇罗面衣：低筋面粉、鸡蛋加水调制。
* 天茶：天妇罗茶泡饭。

1　将传助星鳗开腹，削骨，切成薄片。

2　将步骤 1 的薄切星鳗浸入天妇罗面衣中，片刻后用 180℃的食用油速炸至雪白时捞出，控干油分。

3　在出汁中加入盐和淡口酱油，调出较浓的味道并煮沸，即成天茶出汁。

4　将米饭盛在碗中，盖上步骤 2 的薄切星鳗，撒上切碎的鸭儿芹梗及芥末。天茶另外盛放。

马头鱼

马头鱼配薄切淀大根

　　将马头鱼在一番出汁中用小火细烹，最后将切成薄片的淀大根置于表面，洁白通透，看起来颇似一层薄冰浮于水面。这是一道能够赋予食客季节感的料理，使用淀大根或芜菁均可。

马头鱼

马头鱼松茸配葛粉芡汁

　　马头鱼肉容易碎，裹上葛粉炸得酥脆之后，风味更加醇厚。搭配马头鱼的，是融合了生姜香味的葛粉芡汁，以及口感舒爽的松茸丝。三种食材的醇厚、清香都融合在此道料理中。上桌时稍微加热，可使松茸香味更加浓烈。

丹波蒸马头鱼

　　为了保持马头鱼的原汁原味，栗子不加任何调味，只需煮过之后碾碎、过筛即可。在透明芡汁中调入淡淡的味道，让马头鱼和栗子两种食材的味道和香味都突显出来。

马头鱼配薄切淀大根

马头鱼

盐

汤汁（一番出汁、盐、淡口酱油）

淀大根（种植于日本京都淀地区的圣护院白萝
卜，口味甘甜，适合炖煮）

小松菜（日本一种蔬菜，又叫冬菜或莺菜，类
似我国的小油菜）

金时人参（日本的胡萝卜品种，口感甘甜，没
有普通胡萝卜的怪味）

----

1 将马头鱼三枚切，撒上盐静置一天。次
日切片并霜降处理。

2 将一番出汁煮沸，放入步骤 1 的马头鱼
片，慢火细烹，不要煮沸。马头鱼的美
味会渗入出汁中。

3 将淀大根切成薄薄的圆片，小松菜洗
净，金时人参切成长条。上述蔬菜分别
焯水。

4 准备汤汁。将步骤 2 的出汁煮沸，用盐
调味，最后滴入淡口酱油。

5 将步骤 2 的马头鱼盛入碗中，倒入步
骤 4 的汤汁。再放上小松菜、金时人
参，最后将淀大根覆在表面。

马头鱼松茸配葛粉芡汁

马头鱼、盐

葛粉、食用油

葛粉芡汁（出汁、浓口酱油、味淋 8.5∶1∶1，葛
粉适量，生姜汁少许）

松茸、盐

----

1 将马头鱼三枚切，撒上大量盐，冷藏半
天，控干水分。

2 将马头鱼切片，裹上葛粉，在 170℃的
食用油中炸。最后将油温略微升高，速
炸一下捞出。

3 制作葛粉芡汁。在出汁中加入浓口酱
油、味淋并煮沸。用水将葛粉化开，倒
入勾芡，最后倒入生姜汁增香。

4 将松茸切成薄片，再切成丝。

5 将葛粉芡汁倒在碗中，盛入步骤 2 的马
头鱼片。将松茸丝置于马头鱼片之上，
撒上薄薄的盐，在烤箱中加热后上桌。

丹波蒸马头鱼

马头鱼、盐

栗子

透明芡汁（出汁、盐、淡口酱油、水葛粉）

----

1 将马头鱼三枚切，撒上盐静置一天，控
   干水分，使鱼肉变得紧致。次日，将马
   头鱼切片后霜降处理。

2 将步骤 1 的鱼片置于平底盘上，放入蒸
   锅，蒸至鱼肉变得松软。

3 剥去栗子壳和薄膜，蒸 15 分钟使之变
   硬。如果蒸得太软，则无法获得饱满的
   碎颗粒。

4 制作透明芡汁。在出汁中加盐，调出清
   汤的味道，煮沸。滴入少许淡口酱油，
   再倒入水葛粉，调出稀稀的芡汁。

5 将蒸好的马头鱼片盛在碗中，栗子仁碾
   碎，筛去杂质，将栗子碎覆在鱼片上，
   再放上一颗完整的栗子仁。最后倒入透
   明芡汁。

香鱼小舟寿司

6月上旬日本开海后，用香鱼做成的料理便成了京都保津川一带夏季的风物。甜醋渍生姜散发着清爽香味，与甜辣口味的煮冬菇一起拌入醋饭，塞在烤得松松软软的香鱼背中。因有香鱼内脏制作的酱油的加持，香鱼只需淡淡调味便很好吃。香鱼在上桌时仍带着烤制的温热。

| 香鱼 |

冷鲜香鱼片配
鱼肝作料汁

　　从盛夏至秋天，香鱼肝的油脂会逐渐变得肥厚。取这个时期的香鱼肝，配上酸橘汁，做成冷鲜香鱼片是个不错的选择。

　　将香鱼在冰水中充分浸泡，以去除油脂和腥味，同时突显出鱼肝的味道，这是烹调的关键。也可以将水蓼叶切碎，撒在冷鲜香鱼片上享用。

| 东洋鲈 |

东洋鲈配
茶豆味噌烧

　　东洋鲈是一种大型的鲈鱼，其时令从秋天开始。这里使用的，是产自和歌山县的东洋鲈，体型越大，味道越鲜美。但东洋鲈也有着鲈鱼特有的腥味，使用茶豆味噌可掩盖稍许。

香鱼小舟寿司

香鱼苗、盐、西芹梗

醋米饭 *

米饭

寿司醋（醋 1.8 升、砂糖 900 克、盐 450 克、

在出汁中煮过的昆布 20 克）

煮冬菇（冬菇，水、浓口酱油、砂糖 3∶1∶1）

甜醋渍生姜（嫩姜、盐水、甜醋 *）

香鱼内脏酱油（香鱼内脏 * 和土佐酱油 1∶2）

* 醋米饭：在用 1 合米煮成的米饭中，滴入 30 毫升醋
搅拌而成。

* 甜醋：等比例的砂糖和醋调和。

* 香鱼内脏：香鱼的内脏用大量盐腌一天，再用日本
酒清洗，碾碎并去除杂质。

1 将香鱼苗开背，去除中骨。薄薄地撒上
盐，静置一夜。取出后夹在吸水纸巾
之间，放进冰箱冷藏一天，适当吸除
水分。

2 制作寿司醋。将醋、砂糖、盐混合，再
泡上用出汁煮过的昆布，即可制成寿
司醋。

3 制作煮冬菇。将冬菇在水中泡发后，放
入水、浓口酱油、砂糖，煮至汤汁收
干，冷却。

4 制作甜醋渍生姜。将生姜切成末，在盐
水中浸泡 1~2 天，再用甜醋腌渍。

5 在煮好的米饭中，倒入 30 毫升步骤 2
的寿司醋，搅匀。

6 将煮冬菇切成末，与甜醋渍生姜一起倒
入步骤 5 的醋米饭中拌匀。

7 用烤炉烤制步骤 1 的香鱼苗。待冷却到
与皮肤温度相当时，将步骤 6 的醋米饭
塞进烤香鱼的背部。用焯过水的西芹梗
捆扎鱼身，盛盘。另外搭配香鱼内脏酱
油（碾碎并去除杂质的香鱼内脏混合土
佐酱油而成）。

冷鲜香鱼片配鱼肝作料汁

香鱼 1 条

鱼肝作料汁

  1 条香鱼的内脏

  日本酒

  浓口酱油

  酸橘汁

酸橘

---

1 将香鱼三枚切并剥皮。将鱼的上身切成薄片，在冰水中浸泡 10 分钟左右，去除油脂和腥味。

2 制作鱼肝作料汁。将香鱼的内脏碾碎，去除杂质，倒入日本酒、浓口酱油、酸橘汁，调和至 79 页图中所示的浓度。注意不可调得太稀。

3 将酸橘切成薄片铺在盘中，将香鱼薄片在其上高高叠起。将步骤 2 的鱼肝作料汁从上浇下。

东洋鲈配茶豆味噌烧

东洋鲈 1 小片 30 克

盐适量

茶豆味噌（玉味噌 * 和碾碎后过罗的茶豆 *1 : 4）

茶豆

炸嫩藕片（嫩莲藕、食用油、盐）

* 玉味噌：白味噌 1 千克、蛋黄 10 个、日本酒 100 毫升、味淋 100 毫升、砂糖 50 克加热熬制即成。
* 茶豆：毛豆放入加了茶包和盐的水中煮 10 分钟。

---

1 制作茶豆味噌。茶豆带豆荚在盐水中煮过，取出豆粒，部分碾碎过罗，部分保留备用。

2 取过罗过的茶豆和玉味噌混合。玉味噌不可过量，以免盖过茶豆的味道。

3 将东洋鲈用铁扦子穿过。因为还要浇茶豆味噌，这里仅在鱼片上撒薄薄一层盐。将鱼片烤熟。

4 将整粒的茶豆去内皮，掰成两瓣，在蒸锅中加热一下。

5 将茶豆味噌涂抹在鱼皮侧，用步骤 4 的茶豆装饰，用喷火枪在茶豆上烤出焦痕。

6 制作炸嫩藕片。将嫩藕切成薄片，用水迅速清洗，彻底控干水分。在低温的食用油中慢慢炸，收干藕片中的水分。最后将油温略微升高，速炸一下捞出，撒上盐。

7 鱼片盛盘，用炸嫩藕片装饰。

| 鲍鱼 |

蒸鲍鱼紫海胆配柑橘冻

将蒸好的鲍鱼晾凉，与夏季的时令美食海胆搭配，可以做出口感清凉的料理。为避免破坏鲍鱼和海胆的味道，可将柑橘冻的酸味调得较为柔和。

| 鲍鱼 |

煎鲍鱼肝

如果将鲍鱼肉切薄，在很短时间内肉质就会变得柔软。与鲍鱼肉的风味交织在一起的鲍鱼肝，应将味道调得淡一些，以便突出鲍鱼肝自带的海洋风味。所用的鲍鱼产自千叶县。

面包糠
炸蒸鲍鱼

用来裹鲍鱼肉的面包糠，只用了薄薄一层，如果裹得太厚，会使外观和口感变得粗糙。鲍鱼肉已经蒸透，因此油炸时只需炸至中间温热即可。

| 鲍鱼 |

涮鲍鱼

活鲍鱼在食客点单之后，才处理取肉。灶台位于食客在座位上即可看见的位置。鲍鱼肉片在滚烫的涮汁中迅速氽烫后盛盘，即刻被端上餐桌。

蒸鲍鱼紫海胆配柑橘冻

蒸鲍鱼（见 53 页）

紫海胆

柑橘冻（出汁 300 毫升，味淋 30 毫升，淡口
　酱油 30 毫升，吉利丁片 5 克，酸橘汁 1 个
　的量）

鲍鱼肝酱汁（蒸鲍鱼肝和蒸汁 1:2，浓口酱油、
　味淋、日本酒、生姜汁各少许）

青柚子皮

1　准备柑橘冻。在出汁中加入味淋、淡口
　　酱油，淡淡地调味之后加热。吉利丁片
　　在水中泡软后，放入汤汁中溶解，再倒
　　入容器中冷却，使之凝固。即将凝固
　　时，加入酸橘汁。

2　制作鲍鱼肝酱汁。蒸鲍鱼肝与蒸汁混合
　　搅拌。倒入锅中，依次加入浓口酱油、
　　味淋、日本酒（日本酒可稍多），开火
　　煮沸。30 秒之后，加入生姜汁即成酱
　　汁。如果太稀，可用水葛粉勾芡。

3　将鲍鱼肝酱汁倒入盘中，蒸鲍鱼切片盛
　　盘，放上紫海胆。柑橘冻从上浇下，撒
　　上青柚子皮碎。

煎鲍鱼肝

鲍鱼 1 个 300 克

橄榄油、白葡萄酒、浓口酱油、味淋各少许

白芦笋

茖葱（又叫寒葱，味辛辣）

青紫苏（切丝）

1　鲍鱼去壳，取出鲍鱼肉。鲍鱼肝碾碎、
　　过筛去杂质。

2　将鲍鱼肉切成薄片，用橄榄油煎一下，
　　再在平底锅中，大火快炒。

3　倒入白葡萄酒，以及过筛的鲍鱼肝，搅
　　拌。再倒入少许浓口酱油、味淋，淡淡
　　地调味。

4　将白芦笋削皮，清洗茖葱。分别用橄榄
　　油煎一下，滴入浓口酱油增香。

5　鲍鱼肉盛盘，用白芦笋和茖葱点缀，再
　　用青紫苏装饰。

面包糠炸蒸鲍鱼

- -

蒸鲍鱼（见 53 页）

低筋面粉、鸡蛋、面包糠

食用油

嫩洋葱酱汁（嫩洋葱 10 个，昆布出汁* 300 毫
　升，盐、砂糖、醋、太白芝麻油各少许）

* 昆布出汁：将 150 克昆布在 8 升水中浸泡一夜，然
　后煮 1~2 小时。取出昆布后，让汤汁沸腾 30 秒钟，
　撇去浮沫。

- -

1　制作嫩洋葱酱汁。将嫩洋葱和昆布出汁
　一起倒入搅拌机，搅拌至糊状，倒入锅
　中加热，沸腾后撇去浮沫。

2　在步骤 1 的材料中加入盐及少许砂糖调
　味，放入少许醋提味，滴入太白芝麻油
　增香。调味的原则是，不要让调味料盖
　过嫩洋葱的风味。

3　将蒸鲍鱼晾凉，擦干汤汁。将低筋面粉
　薄薄地裹在整个鲍鱼上，再倒入搅匀的
　鸡蛋液中，裹上面包糠，放入 170℃的
　食用油中炸。

4　炸透鲍鱼肉，最后调高油温，炸至酥
　脆，起锅。

5　趁热切成适宜入口的大小，装盘。将步
　骤 2 的嫩洋葱酱汁浇在盘子前部。鲍鱼
　片不可切得过薄，方可享受最佳口感。

涮鲍鱼

- -

鲍鱼（雌贝）1 个 700 克

裙带菜、涮汁（出汁、淡口酱油）

- -

1　用刷子将鲍鱼刷净，将鲍鱼肉取出。这
　个过程不使用盐，以免咸味渗入。

2　切下鲍鱼肝并清洗干净。横向将鲍鱼肉
　切薄，切分成较大的鲍鱼肉片。

3　准备涮汁。加热出汁，倒入淡口酱油
　调味。

4　出汁煮沸之后，放入泡发好的裙带菜。
　再次沸腾之后，将鲍鱼肉逐片放入，待
　边缘卷起时立即捞出。鲍鱼肝也放入涮
　汁中加热。

5　将鲍鱼肉和肝装盘，用裙带菜点缀。倒
　入步骤 4 中温热的出汁。

鮟鱇鱼肝

鮟鱇鱼肝
煮淀大根

　　此道料理中的鮟鱇鱼肝，不似通常蒸煮的手法，而是用甜辣调味，细烹慢煮，让食材充分入味。

　　鮟鱇鱼肝本身的味道已十分浓厚，因此淀大根只需淡淡调味即可。

乌贼（纹甲乌贼）

纹甲乌贼配墨
味噌肝酱汁

　　和歌山出产的纹甲乌贼，在每年的春、夏之际都会迎来它的时令。它肉质肥厚，口感黏稠而甘美。焯水之后，用乌贼墨和肝制成口味浓厚的墨味噌和肝酱汁，浇在乌贼肉上享用。这是一道将纹甲乌贼物尽其用的美味料理。

乌贼（飞行乌贼）
渍乌贼配盐辛乌贼肝

　　将乌贼腿在肝酱汁中浸渍一夜，次日即可享用。当然，即渍即享也无妨。放置三四天便会发酵，久渍后可以做成茶泡饭。此外，用肝酱汁拌贝类或虾也很美味。

乌贼（纹甲乌贼）
乌贼饭

　　说起乌贼饭，不得不提北海道森车站卖的经典便当，在小乌贼的肚子里填塞糯米和乌贼腿制作而成。这里介绍的乌贼饭是在砂锅中制作的。

　　无论是纹甲乌贼还是枪乌贼都无妨，利用烹煮乌贼腿的汤汁煮米饭，都可获得独特的香喷喷的口感，这一点俘获了广大食客的欢心。

鮟鱇鱼肝煮淀大根

鮟鱇鱼肝

混合煮汁（出汁 540 毫升、浓口酱油 180 毫升、
味淋 180 毫升、砂糖 100 克）

淀大根（见 76 页）

淀大根煮汁（出汁、盐、淡口酱油）

橙醋（酸橘汁和出汁 9:1，淡口酱油、煮切味淋
各少许）

淀大根泥、鸭头葱（日本的一种香葱，无普通
葱的辛辣味，可用细香葱替代）

金枪鱼丝、一味辣椒粉（日本品牌辣椒粉）

----

1 煮鮟鱇鱼肝。剔除鱼肝上的粗血管和
筋（可以保留薄膜）。用厨房布卷成圆
筒状，放在混合煮汁中，小火慢煮 1 小
时。根据鱼肝的大小，调节煮制的时
间。这里用的是直径 5 厘米的鱼肝。

2 用筷子夹起鱼肝，以煮至富有弹性、肉
质紧致为宜。关火，冷却。

3 煮淀大根。将淀大根切成厚厚的圆片，
每片切 8 等份，准备一锅满满的出汁，
用盐淡淡调味，放入淀大根，用小
火煮。

4 当筷子能够轻易扎透大根时，倒入少量
淡口酱油，用橙醋调味。

5 淀大根泥置于笊篱上控干水分。

6 鱼肝切片，与步骤 4 的淀大根一起装
盘。再放上步骤 5 的淀大根泥，以及鸭
头葱花。淀大根叶迅速焯热水，作为
装饰。上桌前撒上金枪鱼丝及一味辣
椒粉。

纹甲乌贼配墨味噌肝酱汁

纹甲乌贼 1 只 1.5 千克

乌贼墨味噌

玉味噌（见 81 页）

乌贼墨少许

乌贼肝酱汁（乌贼肝、浓口酱油、日本酒
1:0.5:0.5，盐少许）

菠菜

----

1 剥去纹甲乌贼的外皮，取出肝，肉切成
薄片。

2 将乌贼肉片用热水烫过后，立即放入冰
水，控干水分。

3 制作乌贼墨味噌。将玉味噌和乌贼墨混
合起来，开小火熬制。待乌贼墨稍稍变
色即可。

4 制作乌贼肝酱汁。将纹甲乌贼肝碾碎、
过筛，加入浓口酱油、日本酒、盐
调味。

5 将肝酱汁倒入盘中，再盛放乌贼，浇上
乌贼墨味噌。菠菜焯水，剪去根，切
齐，装盘。

渍乌贼配盐辛乌贼肝

飞行乌贼 1 只 200 克（切细丝）
乌贼肝酱汁（乌贼肝 20 克、盐 0.5 小勺、浓口
　酱油 2.5 毫升、味淋 2.5 毫升、日本酒 2.5 毫
　升）
芜菁
水菜（日本一种蔬菜，可用苦菊、芝麻菜替代）梗

1　剥去乌贼皮，切成细丝。

2　制作乌贼肝酱汁。用刀细细地拍乌贼肝
　　表面，加入盐、浓口酱油、味淋、日本
　　酒，搅拌均匀。

3　将步骤 1 的乌贼丝泡入步骤 2 的酱汁
　　中，静置一夜，次日上桌。

4　将芜菁在热水中煮软，切去蒂，挖去
　　心，当作容器。将步骤 3 的材料盛入其
　　中，再放上焯过水的水菜梗。

乌贼饭

纹甲乌贼腿适量（切块）
乌贼腿煮汁（出汁、味淋、淡口酱油 8∶1∶1）
大米 2 合
煮汁 2.5 合
西芹梗

1　淘好米，置于笊篱上，控干水分。

2　将切块的乌贼腿在乌贼腿煮汁中快煮一
　　会儿，关火，冷却。

3　将乌贼腿从煮汁中捞出。

4　在砂锅中放入大米，以及步骤 3 的煮
　　汁，再将乌贼腿置于其上，开火煮。先
　　用大火煮沸，再改小火煮 15 分钟，关
　　火闷 10~15 分钟。

5　将焯水的西芹梗切碎，撒在米饭上。

| 鲑鱼子 |
野生灰树花腌渍
茼蒿叶配酱油渍
时鲜鲑鱼子

　　每年 9~11 月，是日本的鲑鱼子上市的季节。一旦过了这个季节，鲑鱼子的外膜会变厚，影响口感。

　　打散鲑鱼子的方法很多，晴山餐馆使用的方法是：将鲑鱼子在孔眼较大的烧烤网上搓开，再用流动水清洗。浸泡一天之后即可使用，建议两天内使用完毕。

| 鲑鱼子 |
时鲜鲑鱼子配
烤香菇蒸饭

　　入口的瞬间，青柚的清香便扑鼻而来。将糯米饭塞进肥厚的大香菇中，再在米饭上盖上满满的酱油渍鲑鱼子，当作饭前小点享用。

　　可以将香菇切成方便入口的大小，用来盛放糯米饭。

| 鲑鱼子 |

鲑鱼配鲑鱼子米饭

　　这份"豪奢"料理，用料是鲑鱼及鱼子。鲑鱼子仅用少许浓口酱油调味，如浓口酱油太多，会使鱼子萎缩，反而无法入味。因此做好此道料理的关键是，分次、少量添加酱油。

| 三线矶鲈 |

菠萝风味渍烧三线矶鲈

　　三线矶鲈的时令在夏季，虽然因产地不同，肉质略有差异，但总的来讲，是一种油脂丰富的大型鱼类。这是一道使用肉质肥美的三线矶鲈，与香气柔和、酸甜可口的菠萝烤制而成的料理。

　　在关西，市场上有很多产自爱媛县的一种名为"豚伊佐木"的三线矶鲈。体型大的超过1千克，捕获后真空包装，泡入冰水中，可以在一周内保持新鲜的状态。

野生灰树花腌渍茼蒿叶
配酱油渍时鲜鲑鱼子

酱油渍鲑鱼子
　　鲑鱼子、淡口酱油
　　腌料汁 *（出汁、日本酒、淡口酱油、浓口酱
　　油、味淋 9：2：1：1：1，鲣鱼花）
灰树花（日本称舞茸）、日本酒、盐
茼蒿、八方汁（见 38 页）
青柚

* 腌料汁：在出汁中加入调味料及鲣鱼花，煮沸 30 秒
　 钟，冷却。

1　制作酱油渍鲑鱼子。将金属烧烤网置于
　　盆的上方，将鲑鱼子在烧烤网上搓成小
　　颗粒。

2　用流动水洗净鱼子，控干水分，用淡口
　　酱油刷一遍，再去除多余水分，放入保
　　鲜容器中，倒入腌料汁，腌渍 1 天。第
　　二天即可直接使用。

3　将灰树花掰开，喷上日本酒，撒上盐，
　　在炭火上烤制，冷却。

4　摘下茼蒿叶，焯热水，过冷水并挤干水
　　分。将茼蒿叶在八方汁中浸渍 1 小时（预
　　渍），再换一份八方汁腌渍（本渍）。

5　将茼蒿叶轻轻甩去腌料汁，与步骤 3 的
　　灰树花一起装盘，再放上酱油渍鲑鱼
　　子。

6　青柚去皮，在步骤 5 上挤上青柚汁。

时鲜鲑鱼子配烤香菇蒸饭

酱油渍鲑鱼子（见左列）
糯米饭（糯米、酒盐 *）
香菇、日本酒、盐
青柚

* 酒盐：在 500 毫升日本酒中加入 10 克盐而成。

1　蒸糯米饭。将糯米洗净，泡水 30 分钟
　　后泡酒盐，控干水分，铺在平底盘中，
　　放入蒸锅蒸 30 分钟。可视情况在蒸饭
　　过程中洒少许日本酒。

2　在香菇上喷日本酒，撒盐，置于炭火上
　　烤熟之后，对半切开以便入口。

3　将两瓣香菇拼回原样，当作托盘盛装步
　　骤 1 的米饭，再放上酱油渍鲑鱼子。

4　青柚去皮，在步骤 4 上挤上青柚汁。

鲑鱼配鲑鱼子米饭

鲑鱼幽庵烧

　生鲑鱼腹部的鱼肉 2 条每条 350 克

　幽庵汁（淡口酱油、日本酒、味淋 1:1:1）

　鱼调味汁（味淋、日本酒、浓口酱油、砂糖、

　麦芽糖 2:1:1:0.5:0.5，烤鱼骨适量）

酱油渍鲑鱼子

　鲑鱼子 1 千克

　浓口酱油 360 毫升

　煮切味淋少量

大米 2 合

水 360 毫升

西芹梗

- -

1　制作酱油渍鲑鱼子。将鲑鱼子在温水中
　搅散，除去薄膜，清理干净。

2　控干水分，倒入容器，加入浓口酱油。
　分三次加入，各间隔一小时，使其慢慢
　入味。

3　最后，加入少量煮切味淋，以中和酱油
　的味道。酱油渍鲑鱼子至此制作完成。
　可以保存 5 天，但建议在一两天内使用
　完毕，以享受最佳美味。

4　制作鲑鱼幽庵烧。将鲑鱼在幽庵汁中腌
　渍 1 小时。

5　将鱼肉穿成串，用炭火从鱼皮那面开始
　烤。接着一边刷鱼调味汁，一边正、背
　面轮流烤制。

6　煮米饭。将大米捣碎倒入砂锅，用水泡
　30 分钟左右。放入锅中，盖上锅盖，开
　大火煮。沸腾后翻搅，改小火再煮 10
　分钟，关火闷。

7　米饭煮好后，将步骤 5 的鲑鱼置于米饭
　之上，铺上满满的酱油渍鲑鱼子，撒上
　焯过水的西芹梗。将砂锅端上桌。

8　食用时，剥去鲑鱼皮，打散，与米饭充
　分搅拌。

菠萝风味渍烧三线矶鲈

三线矶鲈（又名三线鸡鱼、黄鸡仔）1 片 50 克

菠萝幽庵汁（幽庵汁 * 和捣碎的菠萝块 1:1）

牛蒡、八方汁（见 38 页）

甜醋渍生姜（生姜、甜醋 *）

* 幽庵汁：取等量的浓口酱油、日本酒、味淋混合
　而成。
* 甜醋：醋、砂糖 2:0.5，加少许盐混合而成。

- -

1　制作菠萝幽庵汁。将菠萝肉和幽庵汁混
　合搅拌。

2　将三线矶鲈在菠萝幽庵汁中浸泡 1 小时
　左右，然后过滤幽庵汁。

3　将三线矶鲈穿成串，一边在鱼身上刷步
　骤 2 中过滤的幽庵汁，一边烤制。再将
　菠萝小块放在火上烤至温热。

4　煮牛蒡。这里选用的是产自栃木县的粗
　牛蒡。尽量将牛蒡清洗干净，切成圆薄
　片。焯热水，控干水分，在八方汁中煮
　熟，冷却。

5　刮去生姜皮，切成 2 毫米厚，过一下温
　水，浸泡在甜醋中。

6　从铁钎子上取下鱼肉，盛盘。再摆上牛
　蒡及生姜。

日本龙虾煮西京味噌

用日本龙虾头、虾壳煮成出汁，调入西京味噌，煮成一小锅微甘、味淡的日本龙虾美食。事先将日本龙虾肉用葛粉抓一抓，可避免煮得太老。在成品上搭配生姜汁及柚子皮，还可增香提味。

|日本龙虾|
日本龙虾具足煮配嫩洋葱丝

具足煮是将甲壳类海鲜纵切两半，带壳煮的做法。此道料理的决定性因素在于虾脑的味道，因此在采购时应选择虾脑饱满的日本龙虾。虾肉与嫩洋葱的甘美融化在出汁中，令美味直线提升。这里选用和歌山县产的日本龙虾。

|沙丁鱼|
煮沙丁鱼配翡翠茄子

油脂丰富，体态圆润的沙丁鱼（北海道产）在鱼肝煮汁中快煮即成。使用内脏烹煮料理，关键在于食材的新鲜程度。如果煮过头，内脏就会析出苦味。为免于此，建议在最后阶段再使用内脏，且手速一定要快。

日本龙虾煮西京味噌

日本龙虾（通常体长 20~30 厘米，属高级食材）

葛粉

日本龙虾出汁（日本龙虾头及虾壳，出汁、日
　本酒 10:1）

西京味噌（属白味噌，一般用于海鲜食材）、
　淡口酱油、生姜汁

小松菜（见 76 页）

柚子皮

- -

1　摘下日本龙虾头，剥下虾壳，将虾肉切
　成一口大小，用葛粉抓匀。

2　制作日本龙虾出汁。将虾头、虾壳切成
　适宜大小，用炭火烤。加入出汁与日本
　酒，煮至汤汁剩余一半的程度。

3　用西京味噌为日本龙虾肉淡淡调味，
　滴入淡口酱油，加部分日本龙虾出汁
　煮沸。

4　在步骤 2 的日本龙虾出汁中滴入生姜
　汁，加入步骤 3 中煮沸的日本龙虾，装
　入小锅。放上焯过水的小松菜，撒上捣
　碎的柚子皮。

日本龙虾具足煮配嫩洋葱丝

日本龙虾 1 只重 1~1.5 千克

具足煮煮汁（1 只日本龙虾头，出汁、味淋、淡
　口酱油 5:1:1）

嫩洋葱

嫩洋葱煮汁（出汁、淡口酱油、味淋 8:1:0.5）

花椒嫩叶

- -

1　摘下日本龙虾头，剥下虾壳，取出虾
　肉，切成适宜入口的大小。

2　准备具足煮煮汁。用刀拍日本龙虾头以
　便煮出虾脑汁。在出汁中加入味淋、淡
　口酱油，放入虾头煮至沸腾。

3　将虾肉放入步骤 2 中，迅速加热。

4　嫩洋葱切丝，放入用淡口酱油、味淋
　调过味的煮汁中快煮。注意不可煮得
　太软。

5　将嫩洋葱丝及虾肉盛盘。浇上具足煮煮
　汁，以花椒嫩叶装饰。

煮沙丁鱼配翡翠茄子

沙丁鱼 2 条

沙丁鱼煮汁（出汁、日本酒、浓口酱油、味淋、
　　砂糖 6∶1∶1∶1∶0.5，薄生姜片适量）

翡翠茄子

　　茄子

　　食用油

　　腌料汁（出汁、淡口酱油、味淋、日本酒
　　　8∶1∶0.5∶0.5）

1　切除沙丁鱼头、尾，清除内脏。鱼肝碾
　　碎、过滤。也可以用刀拍鱼肝。

2　沙丁鱼煮汁开火煮沸之后放入沙丁鱼，
　　盖上锅盖，用小火煮 1 小时左右。

3　最后放入过滤好的鱼肝，煮沸后持续沸
　　腾 30 秒即可。

4　制作翡翠茄子。薄薄削下茄子皮，对半
　　切开，在水中浸泡片刻以去除涩味。控
　　干水分，放入 160℃的食用油中炸。

5　将腌料汁煮沸，放入炸茄子，关火，连
　　锅一起泡入冰水，至腌料汁冷却即可。
　　将炸茄子趁热浸入腌料汁，可以去除多
　　余油分，还可以保持茄子颜色鲜亮。腌
　　料汁冷却时，茄子也已入味。

6　沙丁鱼盛盘，摆上翡翠茄子，浇上沙丁
　　鱼煮汁。

白板昆布
卷鳗鲡

将煮至入味的鳗鲡用白板昆布卷起蒸煮，趁热上桌。蒸得松软的昆布与鳗鲡丰富的油脂相得益彰。

烤鳗鲡
配渍黄瓜

鱼肉紧致的野生鳗鲡（岐阜县长良川产）适合用来做成地烧鳗（关西做法，整条鳗鱼不加调料烤过之后，再刷上地方风味的烧烤汁烤制而成）。一边刷烧烤汁，一边将鳗鲡烤得喷香，再渍入土佐醋，装盘时搭配渍黄瓜。

一般的做法是，烤鳗鲡与黄瓜一起用三杯醋拌。这里为了突显烤鳗鲡的香气，将烤鳗鲡置于黄瓜之上，看起来分量更足。

| 鳗鲡 |

白烧鳗鲡盖饭

野生鳗鲡未经蒸煮而直接烤制，赋予鱼皮酥脆口感。这种手法与蒲烧略有不同，是咸味的烤鳗盖饭。建议将切成整齐细丝的配料蔬菜拌入米饭中享用。

| 鳗鲡 |

鳗鲡寿司

冬季的鳗鲡油脂丰富，肉质肥厚。为避免鱼肉中水分的流失，不经过蒸煮工序而直接用清淡的出汁煮至松软。最后浇上烧烤汁，烤出酥脆口感。

白板昆布卷鳗鲡

鳗鲡（又叫白鳝、河鳗）

白板昆布（位于昆布中心，具有一定厚度的黄
　白色昆布）

白板昆布煮汁（昆布出汁 * 500 毫升、日本酒
　100 毫升、砂糖 25 克、盐 5 克、醋 180 毫升）

* 昆布出汁：将 150 克昆布在 8 升水中浸泡一夜，煮
　1~2 小时。取出昆布，汤汁煮沸，持续 30 秒以去除
　涩味。

1　鳗鲡按照 101 页中鳗鲡寿司的要点
　烹煮。

2　在昆布出汁中加入日本酒、砂糖、盐、
　醋，做成煮汁，放入白板昆布煮 15 分
　钟左右，冷却。

3　将鳗鲡对半切开，肉厚与肉薄的部位搭
　配好（鱼皮对齐鱼皮），用步骤 2 的白
　板昆布卷起，放入蒸锅中蒸一会儿。

4　切成适宜入口的大小，上桌。

烤鳗鲡配渍黄瓜

鳗鲡

烧烤汁 *（烤鳗鲡骨 20~30 条的量、浓口酱油
　900 毫升、溜溜酱油 *800 毫升、冰糖 1 千克、
　味淋 1800 毫升、日本酒 900 毫升）

黄瓜、盐

土佐醋 *（醋 50 毫升、砂糖 5 克、味淋 30 毫升、
　出汁 300 毫升、盐少许、淡口酱油 40 毫升、
　朝天椒片、鲣鱼花、生姜汁）

青花椒、盐

* 烧烤汁：烤鳗鲡骨用浓口酱油及溜溜酱油煮，再与
　冰糖、味淋、日本酒混合，煮开后持续沸腾 30 秒
　而成。
* 溜溜酱油：刺身用的甜口酱油。
* 土佐醋：混合除生姜汁的所有材料，煮沸并过滤后
　加入生姜汁。

1　将鳗鲡开背，根据烧烤架的长度将其切
　成段，用铁扦子穿起，用炭火烤制。

2　烤制过程中，分次刷上烧烤汁，烤至鱼
　皮酥脆、散发出香味即可。

3　黄瓜削皮，竖向对半切开，去籽，斜向
　切成薄片，抹盐。挤干水分，泡入土佐
　醋中。

4　将青花椒在盐水中煮过。

5　将步骤 3 的黄瓜盛盘，将烤好的鳗鲡段
　切成适宜入口的大小，摆放在黄瓜上。
　滴儿滴土佐醋，再撒上青花椒。

白烧鳗鲡盖饭

鳗鲡、盐

米饭

烤海苔

生姜、阳荷（又叫茗荷、野姜、莲花姜）、葱芽

1　将鳗鲡开背，用铁扦子穿起。撒盐，用炭火从鱼肉面开始烤制。这个阶段撒盐的目的是调味，可适当多撒一些。先烤鱼皮会导致鱼皮萎缩，因此应从鱼肉面开始烤制。

2　烤完鱼肉面后，翻至鱼皮面继续烤。如此翻转数次，烤至鱼皮酥脆、鱼肉松软即可。将鱼肉从铁扦子上取下，切成适宜入口的大小。

3　将米饭盛入大碗中，铺上烤海苔，再盛上烤鳗鲡。将生姜、阳荷、葱芽切成长短一致的细丝，置于最上方。与鳗鱼肝吸物（以鳗鱼内脏为食材做成的汤品）一并提供。

鳗鲡寿司

鳗鲡

鳗鲡煮汁（出汁 1 升、日本酒 200 毫升、盐 10 克、淡口酱油 50 毫升、砂糖 30 克）

烧烤汁 *（烤鳗鲡骨 20~30 条的量、浓口酱油 900 毫升、溜溜酱油 800 毫升、冰糖 1 千克、味淋 1800 毫升、日本酒 900 毫升）

醋米饭（大米 3 合、寿司醋 *80 毫升）

花椒嫩叶

* 烧烤汁：见 100 页。
* 寿司醋：醋 600 毫升、盐 70 克、砂糖 300 克混合而成。

1　将鳗鲡开背，根据锅的直径将其切成合适大小的段，如果鳗鲡体型较小，直接放入锅中也可。

2　将鳗鲡煮汁的材料在锅中混合，放入鳗鲡，盖上纸盖，用中火煮 30~40 分钟。

3　熄火后继续泡在煮汁中，自然冷却后捞出。

4　将鳗鲡放在烤网上，用炭火烤制鱼皮与鱼肉。表面烤干时刷上烧烤汁，直至烤熟。

5　制作醋米饭。在煮熟的米饭中混入寿司醋，搅拌均匀。临上桌时，在蒸锅中稍微加热一下。

6　将温热的醋米饭置于鳗鲡之上，用花椒嫩叶装饰。

海胆配炸葱白

　　用牛臀肉制作的半熟烤牛肉，搭配产自青森县大间的海胆，这真是一道奢侈的美味料理。淡路产的海胆有着绝佳的甘美，如果搭配牛肉便失去了原味。但青森县大间产的海胆，绝不会被牛肉抢了风头。

| 海胆 |
海胆配
半田素面

　　利用蛋黄与海胆调成面汁，浇在素面上，再搭配海胆及天滓（炸完天妇罗后，从油锅中捞起的天妇罗面衣油渣），成就了这一道人气料理。海胆采用产自北海道根室的。

　　鲣鱼使面汁的味道更加鲜美。润滑的半田素面，与这浓厚的面汁相辅相成。

| 老虎鱼 |
老虎鱼肝拌物

　　老虎鱼在春、秋两季长势很好，而老虎鱼的价值取决于鱼肝的大小。这里所用的是濑户内海出产的老虎鱼，用其鱼肝与老虎鱼肉凉拌成一道人气料理。

　　将橄榄油拌入鱼肝，作用是使其中的脂肪成分变得更醇厚。

海胆配炸葱白

海胆 10~15 克
牛臀肉 3 片每片 20 克
葱白（切丝）
色拉油
刺嫩芽（又叫刺龙芽、鹊不踏）、盐
芥末酱油（芥末泥、浓口酱油）

1 将牛臀肉切成四方形，在烧热的烤网上烤至半熟，立即放入冰箱迅速冷却。

2 炸葱白。将葱白切成极细丝，在 130℃ 的色拉油中慢炸，沥去油。将刺嫩芽焯热盐水。

3 将牛臀肉与海胆肉交替叠放在盘中，用炸葱白和刺嫩芽装饰，浇上芥末酱油。

海胆配半田素面

半田素面（日本的面条品牌）
海胆
天滓、西芹
面汁 *（一番出汁、浓口酱油、味淋 5:1:1）40 毫升
蛋黄 1 个

* 面汁：混合所有材料，开火煮沸，冷却。

1 将半田素面在热水中煮过，用凉水过水，控干。

2 取一个事先冷藏过的容器，将素面盛入其中，放上一半海胆、天滓、焯过水的西芹。

3 在冷却的面汁中，加入搅匀的蛋黄、碾碎的海胆混合搅拌，浇在步骤 2 中食材的周围。

老虎鱼肝拌物

老虎鱼（又叫海蝎子）1 条 500 克
肝拌物调料（老虎鱼肝，橄榄油、浓口酱油、淡口酱油各少许）
小葱、紫苏芽

1 将老虎鱼三枚切，再片成薄片。

2 制作肝拌物调料。将老虎鱼肝碾碎，滤去渣滓，拌入少量橄榄油，作用是使鱼肝的脂肪成分变得更醇厚，调入浓口酱油和淡口酱油。

3 将老虎鱼薄片用肝拌物调料拌匀，叠放在盘中。将小葱切得长短一致，与紫苏芽一同焯水后，置于肝拌物之上。

| 牡蛎 |
岩牡蛎配彩椒
调味汁

　　春末夏初上市的大型牡蛎称为岩牡蛎。初夏气候炎热，牡蛎搭配酸甜的彩椒调味汁享用，口感更加清爽。本料理使用熊本县天草产的天领岩牡蛎。

| 牡蛎 |
油浸牡蛎

　　这道料理将牡蛎加热却不煮沸，让牡蛎肉充分受热，又不致萎缩。油浸的目的不是保存，而是突显牡蛎的甘甜。尽量在制作当日食用完毕。

牡蛎

花椒煮牡蛎

　　此道料理使用的牡蛎产自兵库县赤穗坂越。此地出产的牡蛎肉质饱满，富有弹性，美味不会在煮制过程中流失，也不易萎缩。时令在每年 11 月至次年 4 月，而岩牡蛎的上市时间则会持续到初夏。

　　这里考虑到在冷却过程中余热还会持续发挥作用，因而采用快煮的方式。但如果在煮汁中煮透的话，也可以作为年节料理来享用。时令季节里采购并冷冻保存的青花椒，用在此道料理中，为其添加了柔和的香气。此外还需注意，冬、夏两季的室温不同，余热持续的效果也不一样。

牡蛎

锹烧牡蛎

　　锹烧是将食材浇上调味料，在铁板或煎锅中烹制的做法。为了将牡蛎烤得酥脆，而为其裹上面衣。炸制之后，甜辣味便被锁在面衣之中。而最后撒上的一味辣椒粉，可为料理整体提味。

岩牡蛎配彩椒调味汁

岩牡蛎 1 个

彩椒调味汁

    红椒

    三杯醋 * 少许

    葛粉适量

笔阳荷（用阳荷嫩茎部分软化栽培而成的菜
    肴，切成竹叶形）

葱芽

* 三 杯 醋 ： 醋、砂 糖、味 淋、淡 口 酱 油 按
    （6~7）：0.5：0.5：1，放入大量昆布煮沸后，持续
    沸腾 30 秒钟。冷却后装入一升瓶（日本人保存液体
    专用的玻璃容器）中，常温保存。

1　岩牡蛎去壳，用冰水洗净，控干水分，
   切成一口大小。

2　制作彩椒调味汁。将整个红椒在热水中
   焯一下，剥去皮，捣成泥，去除渣滓，
   放入锅中。用水将葛粉化开勾芡，浓稠
   度以能裹住岩牡蛎为宜，加入少许三杯
   醋加热。

3　洗净牡蛎壳，铺上笔阳荷，用于盛装
   岩牡蛎。浇上彩椒调味汁，再以葱芽
   装饰。

油浸牡蛎

牡蛎 500 克

牡蛎煮汁（出汁 900 毫升、砂糖 120 克、淡口
    酱油 90 毫升）

太白芝麻油适量

青紫苏

1　牡蛎去壳，处理干净。

2　加热牡蛎煮汁，临煮沸时放入牡蛎，改
   小火煮 2~3 分钟后关火，冷却至常温。

3　捞出牡蛎，浸入太白芝麻油中。

4　上桌时在盘底铺一片青紫苏，再放牡
   蛎。建议与青紫苏同食。

花椒煮牡蛎

牡蛎、白萝卜榨汁

牡蛎煮汁（出汁、日本酒、味淋 4：1：1，淡口
　酱油适量）

花椒（冷冻保存）1 大勺

菠菜、盐

1　牡蛎去壳，用白萝卜汁清洗，控干水分。

2　准备牡蛎煮汁。将日本酒与味淋混合加
　热，用出汁稀释。再倒入淡口酱油，放
　入花椒、牡蛎，煮 5~6 分钟。

3　待牡蛎煮得膨胀起来时关火，放在锅中
　冷却。在冷却过程中持续散发的余热会
　影响牡蛎的口感，因此煮制过程中用
　小火。

4　牡蛎盛盘，将菠菜在加盐的热水中焯一
　下，切成整齐的小段后蒸熟，用作装饰
　菜品。

锹烧牡蛎

牡蛎、淀粉

食用油

锹烧汁 *（出汁 50 毫升、日本酒 50 毫升、砂糖
　50 克、浓口酱油 40 毫升、味淋 30 毫升）

香葱（切丝）

一味辣椒粉

* 锹烧汁：混合所有材料后煮沸，持续沸腾 30 秒
　即成。

1　牡蛎去壳，控干水分。

2　在牡蛎上撒淀粉，以用手能够抓牢牡蛎
　的程度为宜。然后放入 170℃的食用油
　中炸。

3　控干油分后，立刻倒入煎锅，放入锹烧
　汁，使牡蛎入味。

4　盛盘，撒上足量香葱丝，撒上一味辣
　椒粉。

| 春子鯛 |

花椒花拌醋渍
春子鲷马步鱼
配乌鱼子

　　春子鲷和马步鱼是春季时令鱼，二者的肉质都较薄，因此醋渍时间宜短，如此方能留住鱼肉中的水分。此道料理还借用了乌鱼子中的盐分，拌上二杯醋（醋和酱油以 1:1 的比例调和而成）口感也不错。

| 鲣鱼 |

腌渍鲣鱼
配醋拌分葱

　　只要清除了血合，鲣鱼的口感便很惊艳。秋鲣油脂肥厚，将其切成薄片，搭配醋拌分葱卷，是一道值得推荐的美味。分葱的辛辣带来的刺激感是美味的关键。

韩式鲣鱼
配温泉蛋

　　鲣鱼与芝麻油是一对好搭档。冬季的鲣鱼油脂肥厚，浇上添加了芝麻油的酱油汁，搭配韩式做法的温泉蛋黄及大量葱花，即可成就一道美味的下酒菜。温泉蛋的蛋黄口感柔嫩，且蛋液不会流出，可以与鲣鱼一同入口。

 | 鲣鱼 |

南蛮风烤秋鲣

　　秋鲣肥厚的油脂都储存在皮下部位，经炭火烤制便熔化，滴落在炭火上，产生特殊的烟熏香味。烤鲣鱼的香脆口感，与用芝麻油调成的酱汁珠联璧合。

　　直接享用即可，配上泡菜享用也可。

花椒花拌醋渍春子鲷
马步鱼配乌鱼子

春子鲷（春季真雕的幼鱼）

马步鱼（又叫针鱼、棒鱼）

盐、醋

花椒的花腌料汁

    花椒的花、盐

    腌料汁（出汁、淡口酱油）

乌鱼子（见 28 页）

紫苏花穗

1 将春子鲷与马步鱼三枚切，抹上少量盐，静置 20 分钟。将春子鱼浸泡在醋中 5 分钟，马步鱼浸泡在醋中 2 分钟，取出后控干醋。用铝箔纸包起保存。

2 制作花椒的花腌料汁。在热水中加盐，放入花椒的花煮后控干水分。在出汁中加入淡口酱油调至较重口味，将花椒的花泡入腌料汁。

3 将春子鱼与马步鱼切成适宜入口的大小，与花椒的花腌料汁拌匀。

4 将步骤 3 的食物盛盘，配上切成薄片的乌鱼子，用紫苏花穗点缀。

腌渍鲣鱼配醋拌分葱

鲣鱼

鲣鱼腌料汁（浓口酱油 300 毫升，日本酒 50 毫升，味淋、鲣鱼花各少许）

分葱（辣味较淡）、盐

醋拌分葱汁

    玉味噌 *（白味噌 1 千克、日本酒 600 毫升、砂糖 250 克、鸡蛋 7 个、蛋黄 7 个）

    醋、水芥子粉（芥辣粉）

松仁

* 玉味噌：将所有材料煮沸，滤去杂质，保存起来以备不时之需。

1 将鲣鱼五枚切，清除血合，再切成 5 毫米厚的片。

2 调和鲣鱼腌料汁，煮沸后持续沸腾 30 秒钟，冷却。将鲣鱼浸泡其中 1~2 分钟。

3 制作醋拌分葱汁。制作玉味噌，依次加入适量醋和水芥子粉以调味。

4 在热水中加盐，放入分葱焯水，置于笊篱上控干，撒盐。切成一口大小，用醋拌分葱汁拌匀，装盘。将腌渍鲣鱼盛盘，撒上松仁。

韩式鲣鱼配温泉蛋

鲣鱼

芝麻油酱油调味汁（浓口酱油 100 毫升，煮切
　味淋 20 毫升，芝麻油、生姜汁各少许）

温泉蛋 *、盐

鸭头葱（见 88 页）

* 温泉蛋：将鸡蛋放入 67~68℃的温水中，保持此温
　度，浸泡 13~15 分钟。

1　将鲣鱼五枚切后去血合。

2　将鲣鱼切成条状，放入芝麻油酱油调味
　　汁中拌匀。

3　将鲣鱼盛盘，撒上鸭头葱花。将温泉蛋
　　的蛋黄置于其上，撒少量盐。

南蛮风烤秋鲣

秋鲣、盐

南蛮汁（土佐酱油和芝麻油 4:1）

泡白菜

油菜花

白萝卜泥

1　将鲣鱼五枚切，清除血合后切成小段。

2　用铁扦子穿过背侧的鱼肉将其穿起，撒
　　盐。烤鱼皮侧，油脂滴落，利用升腾的
　　烟雾为鱼肉增香。烤至鱼肉侧表面变色
　　即可。在常温下自然冷却。

3　将泡白菜适度拧干，切碎。油菜花焯
　　水，整齐地切下花穗。

4　将鲣鱼平切成较厚的鱼片，盛盘。浇南
　　蛮汁，再放上泡白菜、油菜花、白萝
　　卜泥。

黄醋毛蟹

　　煮螃蟹一般使用接近海水浓度（盐分 3% 左右）的热水，但为了保持毛蟹的香味和甘甜，热水中的盐分不宜过高。建议搭配脆嫩的芋梗。

|雪蟹|
越前蟹拌蟹味噌配水芹炸姜丝

　　所谓"越前蟹"，是指在福井县越前渔港捕获的雪蟹的一个品牌。螃蟹的黄金搭档是生姜，为免螃蟹风味的流失，将生姜切细丝后油炸，如此可激发出生姜柔和的辛香，并带上油脂特有的风味。

黄醋毛蟹

毛蟹（日本知名品种，非我国的毛蟹）、盐
芋梗（芋头茎）、八方汁（见38页）
黄醋（玉味噌 *、醋 1:1，水芥子粉适量）

* 玉味噌：白味噌 1 千克、日本酒 600 毫升、砂糖
  250 克、鸡蛋 7 个、蛋黄 7 个，调和之后加热，滤
  去杂质。

1 在盐分含量 2% 的热水中，放入毛蟹煮
   20~30 分钟后捞出，在常温下冷却。剥
   去蟹壳，取下蟹肉与蟹味噌（肝胰脏等
   器官）混合，蟹足剥壳备用。

2 将芋梗剥皮，竖向切成长条，在放入盐
   的热水中焯至表面变得鲜绿。控干水
   分，泡入八方汁（预渍）片刻，当芋梗
   中析出的水分将八方汁稀释之后，捞出
   泡入新的八方汁（本渍）。

3 制作黄醋。加入与玉味噌等量的醋，调
   入水芥子粉，搅拌均匀。

4 将步骤 1 的食材盛盘，将整齐的芋梗段
   置于其上，浇上黄醋。

越前蟹拌蟹味噌配水芹炸姜丝

越前蟹（产于福井县的雪蟹）
生姜（切丝）
水芹

1 将整只越前蟹放入蒸锅中蒸 30 分钟左
   右，拆下蟹肉，取出蟹味噌（肝胰脏等
   器官），将二者拌匀。

2 将生姜在 160~170℃的食用油中炸得酥
   脆，控干油分。

3 将步骤 1 的食材装盘，水芹整齐地切成
   段，置于其上，再盖上大量炸姜丝。

松叶蟹
盖蟹味噌

　　松叶蟹是海洋在冬季对食客们的馈赠。餐馆为方便食客享用，会提供一整只拆开的松叶蟹。

　　将方便食用的蟹足肉霜降处理，使蟹肉绽开，盖上蟹味噌。如此处理，可使食客获得更好的体验。

松叶蟹
拼香箱蟹

　　自11月松叶蟹与香箱蟹禁捕令解除，香箱蟹开始上市，很多餐馆可提供此道料理。松叶蟹的蟹味噌及蟹足肉，香箱蟹籽都是至美佳品。

　　捕捞上来后立即烹煮的螃蟹，蟹肉与蟹壳之间不会产生缝隙，蟹肉紧实不塌陷。将整个螃蟹切成适宜入口的大小，再拼合起来，以完整的形态上桌。

| 雪蟹 |
香箱蟹大荟萃

　　香箱蟹的捕捞期从 11 月上旬至 12 月末，前后大约 2 个月。母蟹的捕捞期比公蟹的短，因在这个时间段抱卵而肉质紧实，味道鲜美。此道料理分别用不同的蟹壳，盛装蟹肉、外子、蟹味噌与内子（成熟的蟹籽称外子，未成熟的蟹籽称内子）。在外子上方还盖上了鱼子酱，这是正宗的黑木餐馆的风格。

| 雪蟹 |
水葛粉勾芡
芜菁香箱蟹

　　在寒冷的季节品尝此道料理，可使身体从内到外都温暖起来。将香箱蟹肉全部取出，将捣碎的芜菁调入透明芡汁，覆在蟹肉上，最后将所有食材置于烧热的石座上（可以在石座上挖一个槽以便食材盛器放平），让食客享用到上桌时仍在微微沸腾的美食。

　　用于盛装的柚子皮，将内壁的白膜清除干净，可使香气更加浓郁。

松叶蟹盖蟹味噌

松叶蟹 *

蟹味噌、浓口酱油

水芹

---

* 松叶蟹是北太平洋雪蟹，是原产俄罗斯以及日本周
　边海域的一种雪蟹。

1　卸下松叶蟹足，足尖的蟹壳保留，其余
　　部分的蟹壳卸净。

2　将蟹足尖浸入热水，待颜色变得红艳
　　时，取出投入冰水。

3　将螃蟹的躯干部分蒸熟，取出蟹味噌
　　（肝胰脏等器官），滴几滴浓口酱油，
　　轻轻敲几下。

4　将蟹足肉盛盘，盖上蟹味噌。水芹焯
　　水，整齐地切成段，置于其上。

松叶蟹拼香箱蟹

松叶蟹

香箱蟹（雌性松叶蟹）

盐

酸橘

1　将略低于海水浓度的盐水（盐分浓度
　　2%）烧开，放入松叶蟹煮 30 分钟，关
　　火。静置 30 分钟。拆除蟹脐，立起来
　　控干水分。

2　将香箱蟹也放入 2% 的盐水中煮 20 分
　　钟，关火。静置 20 分钟。拆下外子。
　　这个阶段会不断析出水分，因此应倒置
　　1 小时，完全控干水分。

3　卸下松叶蟹与香箱蟹的蟹足，去除砂
　　囊、蟹肺等部位，拆下蟹肉，盛在蟹壳
　　中。香箱蟹壳较为柔软，可切去蟹足的
　　两端，用擀面杖将蟹足肉挤压出来。

4　将松叶蟹和香箱蟹装盘，酸橘去籽，用
　　于点缀。如有需要，还可配上螃蟹醋。

香箱蟹大荟萃

香箱蟹 3 只

盐适量

鱼子酱适量

螃蟹醋（土佐醋 *、生姜蓉）

芜菁梗、紫苏花穗、蓑衣黄瓜

----

* 土佐醋：水、醋各 1080 毫升、味淋 540 毫升、淡口
酱油 360 毫升、砂糖 200 克、切成边长 20 厘米的昆
布 1 片。将上述材料一起煮沸，尝味，加入鲣节，
关火，冷却后滤除杂质。

----

1 刷净香箱蟹。

2 在锅中装入大量盐水（盐分浓度
   2%），煮沸，放入香箱蟹煮 20 分钟，
   关火。静置 20 分钟后捞出，将连着外
   子的蟹脐拆下时会有水分流出，因此须
   倒置 1 小时，直至完全控干水分。

3 将连着外子的蟹脐搅入盐水中，拆下外
   子，置于笊篱上，控干水分。

4 切下香箱蟹的蟹爪和蟹足，用擀面杖将
   壳中的肉挤压出来，切成长短一致的蟹
   肉棒。

5 拆下蟹壳，躯干对半切开，取出蟹肉，
   将蟹味噌（肝胰脏等器官）及内子从蟹
   壳中刮出，放背壳中，放上蓑衣黄瓜。

6 将取出的蟹肉和蟹足肉盛在第二片背壳
   中，将焯过水的芜菁梗置于其上。

7 将刮出的外子盛在第三片背壳上，铺上
   鱼子酱，将紫苏花穗揉开装饰。

8 调制螃蟹醋。在生姜蓉中加入土佐醋，
   浇在第一片、第二片背壳中。

水葛粉勾芡芜菁香箱蟹

香箱蟹、盐

芜菁

透明芡汁（蟹出汁 * 360 毫升、味淋 20 毫升、
   盐 5 克、淡口酱油 5 毫升、水葛粉适量）

柚子皮（做容器）

----

* 蟹出汁：用昆布出汁煮蟹壳而得的汤汁。

----

1 将香箱蟹在盐分浓度 2% 的盐水中煮过
   之后，将蟹肉、内子、外子都从蟹壳中
   取出。

2 准备一只大柚子，切去顶部的皮，挖出
   果肉和白膜。将步骤 1 的蟹肉和外子一
   同装入柚子皮中。

3 芜菁捣碎，调入透明芡汁，稍微加热，
   盖在步骤 2 的食材上。芜菁是当场现制
   的，香味格外浓郁。

4 将内子拌入蟹味噌（肝胰脏等器官），
   置于最上方。将整个柚子皮容器置于烧
   热的石头座上，端上桌时仍在"噗噗"
   冒着热气。

| 雪蟹 |
香箱蟹杂烩

在香箱蟹上市的季节，店家会推出利用蟹壳熬煮蟹出汁，并杂烩香箱蟹的料理。为了获得味道清淡、外观澄澈的蟹出汁，熬煮时不可用大火。

食客对于盖在蟹肉之下的米饭也赞不绝口。

| 梭子蟹 |
梭子蟹
焗蟹味噌

从秋到冬，梭子蟹的红内子在腹中变大，此时的蟹肉更加鲜美。此道料理便是利用时令季节的内子制作的美食。这里使用了山口县萩市产的梭子蟹，蟹肉与内子一起焗制。蒸蟹的时间要根据个头而定。

鰤鱼配烤松茸

　　这是仅烤制鰤鱼皮一侧，做出的一道半熟料理，制作方法可谓别出心裁。

　　一般的做法是用松茸卷上鰤鱼烤，或二者叠在一起烤，但若追求二者最适宜的火候，只能分别烤制。

鰤鱼盖浇饭

　　"玉子盖浇饭"是人见人爱的美食，而此道料理则是其升级版，在玉子盖浇饭上放一层鰤鱼，再以乌鱼子点缀而成。

　　鰤鱼不可加热过度。另外，浇上黄酱油可使之更加浓厚美味。

香箱蟹杂烩

香箱蟹
蟹出汁（蟹壳 10 个、水 1800 毫升、昆布适量）
  540 毫升
米饭 1 碗
鸡蛋、鸭头葱（见 88 页）

1 将香箱蟹在盐分浓度 2% 的热水中煮 20 分钟，关火，冷却 20 分钟。拆下外子后会有水分流出，倒立放置 1 小时，让水分完全控干。

2 卸下蟹足，切去蟹足的两端，用擀面杖将蟹足肉挤压出来。

3 制作蟹出汁。将香箱蟹的壳、昆布、水煮沸之后，改小火煮 1 小时，滤去杂质。

4 将米饭装入砂锅，倒入蟹出汁，煮沸之后，将鸡蛋液环着锅边倒入，撒上鸭头葱，盖上锅盖蒸煮至入味。

5 起锅之后，将香箱蟹肉置于米饭之上。

梭子蟹焗蟹味噌

梭子蟹 1 只 500 克
白酱（一餐的分量）
  低筋面粉 2 大勺
  黄油 2 大勺
  牛奶 300 毫升
蟹味噌、盐
炸薯片（嫩土豆、食用油）

1 蒸锅加热至冒汽时，放入梭子蟹蒸 20 分钟。打开蟹壳，取出蟹肉。内子取出另放。

2 制作白酱。将黄油在锅中熔化，倒入低筋面粉，炒至干燥状态时，分次倒入少量牛奶，改小火熬制。

3 加入与白酱等量的蟹味噌熬制，加入盐调味。

4 将蟹肉盛放在掏空的蟹壳中，浇上步骤 3 的食材，再放上内子，放入烤箱焗烤。

5 制作炸薯片。将嫩土豆切薄片，控干水分，在 120℃的食用油中炸。最后升高油温，速炸一下捞出。

6 将焗蟹肉盛盘，放上薯片。

鰤鱼配烤松茸

鰤鱼、盐
松茸、日本酒、盐
柚子

1　将鰤鱼三枚切，拔去小刺。撒大量盐，用脱水膜分别包好，放入冰箱冷藏 1 天以去除水分。

2　在鱼皮上划出浅浅的刀纹，用铁扦子穿起，将鱼皮侧在炭火上迅速烤一下。

3　将日本酒喷在松茸上，撒上盐，在炭火上烤至裂口。

4　将鰤鱼和松茸盛盘，用柚子装饰。

鰤鱼盖浇饭

鰤鱼
米饭、葱芽
乌鱼子
黄酱油（蛋黄 2 个、浓口酱油 5 毫升、味淋少量）

1　将鰤鱼三枚切，用铁扦子穿起，将鱼皮侧迅速烤一下，冷却。

2　将葱芽花拌进米饭，装盘。将鰤鱼切成适宜入口的大小，置于米饭之上。将乌鱼子切成细长条，撒在最上层。

3　在蛋黄中调入浓口酱油和味淋，搅拌均匀，浇在步骤 2 的食材上。

| 鲽鱼 |
真子鲽配海参
卵巢汤

　　此道料理是在肥厚的鱼肉上划出细细的刀纹，再快速烹制而成。

| 马面鱼 |
马面鱼原木香
菇配肝拌物

　　此道料理采用没有特殊异味的马面鱼，搭配烤制的原木香菇，再浇上肝拌物而成。这是在冬季将肥美鱼肝入肴的一道菜品。

　　马面鱼不可切得太薄，厚度应以保留鱼肉的弹性为宜。用黄油煎鱼肝也很美味。

鱼子酱

鱼子酱饭团

　　在此道料理中，生海胆与小豆糯米饭结合捏成饭团。再在周围裹上产自宫崎、以极少量盐加以调味的鱼子酱，成就一份寿司风的鱼子酱饭团。这还是一道人气很高的下酒小菜。

金眼鲷

嫩煎金眼鲷及鳕鱼白

　　冬季是金眼鲷油脂较为丰富的季节，鳕鱼白可以恰到好处地融入油脂，因此二者的结合堪称完美。食客可以选择分别食用，也可以一起享用。

真子鲽配海参卵巢汤

真子鲽（又叫沙板儿，日本叫甘手鲽）

  1 条 1 千克

八方汁（见 38 页）

海参卵巢汤

  出汁 150 毫升

  生海参卵巢 2 大勺

  淡口酱油、水葛粉各适量

菠菜

1. 将真子鲽五枚切，剥皮。为了保证口感，每隔 2~3 毫米划一道刀口。

2. 加热八方汁，将步骤 1 的真子鲽放入快煮。

3. 制作海参卵巢汤。在出汁中放入生海参卵巢并加热。加入淡口酱油，用水化开葛粉勾芡。

4. 将真子鲽盛盘，浇上步骤 3 的海参卵巢汤。在其上放置焯水后整齐切段的菠菜。

马面鱼原木香菇配肝拌物

马面鱼

原木香菇（在树上生长的香菇）

肝拌物（马面鱼肝、白芝麻酱、橙醋 8:1:1，
  淡口酱油少量）

1. 将马面鱼剥皮后三枚切，切成薄片。

2. 将原木香菇切薄片，在烤网上迅速烤一下。

3. 制作肝拌物。将马面鱼肝碾碎，滤去杂质，调入白芝麻酱、橙醋。滴入淡口酱油。肝拌物的软度根据料理的需要调节。

4. 将马面鱼切成薄片，与原木香菇交替叠放在盘子上，将肝拌物置于其上。

鱼子酱饭团

鱼子酱 45 克

海胆适量

糯米小豆饭 * 40 克

金箔少许

* 糯米小豆饭：将糯米淘洗干净，在足量的水中浸泡
  一夜，控干水分。在蒸锅上铺一张揾布，装入糯
  米，用大火蒸 30 分钟。其间洒上酒盐（在 180 毫升
  日本酒中融化 5 克盐）。

1 将糯米小豆饭打散，冷却后与海胆搅拌
  均匀。

2 将鱼子酱在保鲜膜上铺开，将步骤 1 的
  糯米小豆搓成饭团置于其上，轻轻捏
  成团。

3 解开保鲜膜，食物装盘，再用金箔点
  缀。

嫩煎金眼鲷及鳕鱼白

金眼鲷、盐

鳕鱼白（鳕鱼的精巢）

低筋面粉、黄油

一番出汁、淡口酱油、水葛粉

黑松露

西芹梗

1 将金眼鲷三枚切，薄薄抹上一层盐，静
  置一夜。

2 将金眼鲷切片，在鱼皮上划出斜斜的刀
  痕，撒上低筋面粉。将大量黄油在锅中
  加热熔化，鱼的皮朝下放入锅中煎。为
  避免黄油煎焦，用小火慢煎。当鱼皮煎
  至酥脆即可。

3 将金眼鲷翻面，开始煎鱼肉。当煎至八
  成熟时，将控干水分并撒上低筋面粉的
  鱼白放入同一个锅中煎。注意火候，以
  鱼肉和鱼白同时煎好为宜。

4 盛出金眼鲷及鱼白，盛盘。将一番出汁
  倒入锅中，以淡口酱油调味，再倒入水
  葛粉勾芡至黏稠。

5 将步骤 4 的芡汁浇在金眼鲷及鱼白之
  上，再在其上放黑松露片，以及焯过水
  的西芹梗。

| 金眼鲷 |
砂锅文蛤出汁
煮金眼鲷

　　此道料理从我国的蒸菜中汲取了精华。将整个砂锅放入蒸锅蒸 1 小时，在加热金眼鲷使之变软的过程中，无损鱼肉的质感。金眼鲷与文蛤一起入菜，使此道汤品更加美味。

| 九绘鱼 |
白葡萄酒蒸
九绘鱼

　　九绘鱼身长 1.2 米左右，是一种大型鱼类。此道料理便利用这一特点，将鱼肉切成易于食用的薄片，洒上白葡萄酒蒸煮而成。在鱼肉下铺一层熟透的柚子片、味甘的白菜，以及早春短暂上市的浅葱芽等蔬菜，使其分量感十足。

| 斑节虾 |

斑节虾烤茄子配芝麻酱

制作此道料理时，因要弱化虾壳的香味，而直接带壳在热油中迅速炸过。芝麻酱的口感醇厚柔滑。这里加入了葛粉，冷却之后会凝固，上桌之前再用打蛋器搅拌均匀，浇在盘中。

| 斑节虾 |

斑节虾配夏季蔬菜拼盘

斑节虾的时令在夏季。此道料理是将斑节虾与夏季蔬菜分别烹制之后，再荟萃一盘。玉米蒸煮达 2 小时，玉米粒和玉米芯都煮至柔软可食。

砂锅文蛤出汁煮金眼鲷

金眼鲷
文蛤出汁（文蛤、出汁、盐、淡口酱油）
大葱 *、水菜

* 大葱：采用兵库县朝来市岩津的特产岩津大葱。味
  道类似下仁田大葱，口感甘甜。

1 金眼鲷切成圆柱形，泡在热水中霜降处
   理，仔细清除残留的鱼鳞。

2 制作文蛤出汁。在锅中倒入冷出汁，直
   至浸没文蛤，开大火煮沸。文蛤壳打开
   之后，改小火煮 5~6 分钟。捞出文蛤，
   加入少许盐及淡口酱油调味。

3 在砂锅中放入金眼鲷，倒入文蛤出汁。
   大葱切块，烤一下，放入砂锅。

4 煮沸之后盖上砂锅盖，放入蒸锅中蒸 1
   小时。蒸熟之后，将水菜整齐切成段置
   于其上。

白葡萄酒蒸九绘鱼

九绘鱼（又叫泥斑）片 2 片每片 8 毫米厚
柚子 2 片
白菜心适量
日本香菇 * 3 片
浅葱 * 嫩芽适量
白葡萄酒 45 毫升
盐、橙醋、青葱、红叶泥 *

* 日本香菇：采用产自日本石川县能登的香菇，形
  大、肉厚。
* 浅葱：味道和我国的细香葱类似。
* 红叶泥：用萝卜和辣椒等红色的蔬菜捣成的菜泥。

1 将九绘鱼三枚切，再切成宽度较大，厚
   8 毫米的鱼片。

2 准备一个个头较大、熟透的柚子，取肉
   切成厚圆片。将白菜心切成段，香菇切
   厚片。

3 将柚子片铺在砂锅中，放上白菜心，再
   放上浅葱嫩芽及香菇，叠上九绘鱼片，
   撒上盐。

4 浇上白葡萄酒，盖上锅盖，蒸 20 分钟。
   再添加橙醋、青葱花，以及红叶泥。

斑节虾烤茄子配芝麻酱

斑节虾（又叫花虾、车虾、非基尾虾）、太白
  芝麻油、盐
茄子、八方汁（见 38 页）
混合芝麻酱
  白芝麻酱 150 克
  葛粉 50 克
  昆布出汁 1 升
  日本酒 少许
  盐、淡口酱油、味淋各适量
紫苏花穗

1 摘下斑节虾头，控干水分。将虾拉直，
   用铁扦子穿起，放入 175℃的油中炸至
   颜色变得红艳之后立即取出，冷却。

2 在茄子上竖向划出数道刀口，在火上将
   整个茄子皮烤黑，剥皮，泡入八方汁
   （预渍）中。

3 大约 1 小时之后取出，泡入新的八方汁
   腌渍（本渍）。

4 制作混合芝麻酱。在白芝麻酱中加入葛粉、昆布出汁，再调入少量日本酒、盐、淡口酱油、味淋，搅拌均匀。

5 将步骤4的材料倒入锅中加热，用木扁勺不停搅拌。倒入盘中冷却使之凝固。

6 将茄子装盘，使用打蛋器将步骤5的混合芝麻酱搅拌均匀，斑节虾剥壳，对半切开，放在盘中靠外的位置。最后将揉碎的紫苏花穗撒在其上。

斑节虾配夏季蔬菜拼盘

斑节虾、盐

玉米

低筋面粉、天妇罗面衣（低筋面粉、水）

食用油、盐

石川小芋头 *

小芋煮汁（出汁 540 毫升、砂糖 100 克、盐 1 小撮、淡口酱油 15 毫升）

　葛粉、食用油

　嫩银杏

　食用油、盐

冬瓜

冬瓜煮汁（出汁、盐、淡口酱油）

二杯醋葛粉芡汁 *

* 石川小芋头：石川早生芋头，形状小而浑圆，口感黏软香甜。

* 二杯醋葛粉芡汁：出汁、醋、煮切味淋、淡口酱油按 3:1:1:1 的比例调制，加热后，加入适量水葛粉调成稀稀的芡汁，静置冷却。

1 将斑节虾在盐水中煮至虾脑凝固，牢牢连在虾身上的状态为止（5 分钟左右）。捞出后剥去虾头、虾壳。

2 剥去玉米皮，用保鲜膜卷起，在 80℃的烤箱（蒸汽 100%）中蒸 2 小时。取出后在常温下冷却，再放入冰箱冷藏半天。

3 将玉米剁成适宜入口的大小。撒上低筋面粉，裹上浓稠的天妇罗面衣，在 180℃的食用油中炸。

4 将石川小芋头去皮。将足量的小芋煮汁煮沸，放入小芋头，再在 100℃的烤箱（蒸汽 100%）中蒸煮 2 小时。待小芋头变软之后，放在煮汁中冷却。请注意，煮汁如不事先煮沸，会导致小芋头变色。

5 如果小芋头在冰箱中冷藏过，应放在温暖的环境下使其恢复常温后再使用。小芋头冷却后，撒上葛粉，在 180℃的油锅中炸。

6 用手剥去嫩银杏的壳和皮，穿成 3 颗一串的银杏串，在 200℃的油锅中快炸一下，使之变得颜色鲜艳，然后撒上盐。

7 冬瓜去皮，切成适宜入口的、大小一致的冬瓜块。在出汁中调入盐、淡口酱油，做成口味稍重的煮汁，放入冬瓜煮。待煮软之后，冷却。上桌前再切成薄片。

8 将斑节虾、玉米天妇罗、石川小芋头、冬瓜盛盘，摆上银杏串。将冷的二杯醋葛粉芡汁浇在周围。

油炸鲤鱼
配茄子

鲤鱼刺多且细，需要仔细剔除。油炸后外酥里嫩，口感鲜香。

烤樱鳟
配热汤汁

在河川中产卵、孵化的鳟鱼，在河里度过一年，次年春天游回大海。第三年春天再次游到河里产卵，如此完成一生的使命。鱼儿们逆流而上的时期，与樱花盛开的时间重合。这个时期捕获的鳟鱼被称为樱鳟，在日本料理中，经常作为春季的时令料理提供给食客（产自福井县敦贺）。

花椒也是这个季节的时令食材，它的花也用在此道料理中。

| 鲭鱼 |

芝麻醋拌鲭鱼
配炒芝麻

　　油脂恰到好处的鲭鱼肉上，带着美
丽的粉色。用酸味醇厚的昆布醋腌渍，
再浇上芝麻醋，使鱼肉味道里外合一。
上桌前将芝麻炒出香味，撒在料理上，
这无疑是点睛之笔。

| 鲭鱼 |

鲭鱼配
白菜棒寿司

　　每年晚秋至冬天，鲭鱼油脂丰富、
鱼肉肥厚。同一时期的白菜甜度也很
高，卷在鲭鱼下一同蒸煮，便有了这道
温暖的料理。将鲭鱼的油脂，与白菜的
甘美相融合是点睛之笔，是这个季节特
有的佳品。

油炸鲤鱼配茄子

鲤鱼、盐、葛粉、食用油

茄子、食用油

炸汁 *（出汁、淡口酱油、味淋 6:1:1）

西芹梗、红叶泥（见 130 页）

* 炸汁：调和所有材料，煮沸后持续沸腾 30 秒钟
  即成。

1 将鲤鱼三枚切，撒少许盐，静置 10 分
   钟，剔去鱼骨和细刺。

2 用毛刷蘸取葛粉，刷在每一片鲤鱼的刀
   口上，放入 180~190℃的热油中快炸，
   控干油分。火候以炸至表面酥脆、余热
   可渗透鱼肉之中的程度为宜。

3 茄子切去两端的部分，纵向对半切开，
   用刀在茄子皮上划出细细的刀痕。

4 将茄子完全擦干，放入 180℃的热油
   中，炸至表面颜色鲜艳。

5 趁着鲤鱼与茄子尚未降温，浇上热的炸
   汁，将焯过水的西芹梗整齐地切成段，
   置于其上，再摆上红叶泥。

烤樱鳟配热汤汁

樱鳟（又叫马苏大麻哈鱼）、盐

调味汤汁 *

花椒的花、盐

* 调味汤汁：将 150 克昆布在 8 升水中浸泡一夜后，
  煮 1~2 小时。取出昆布，持续沸腾 30 秒钟以去除涩
  味，将 50 克鲣节与 150 克金枪鱼节放入其中，关火。
  沉底之后，过滤出一番出汁。在一番出汁中调入盐、
  淡口酱油，最后加入日本酒，煮至酒精挥发殆尽，调
  成味道合适的汤汁。

1 将樱鳟三枚切，剔除小刺，撒上薄薄的
   盐，在冰箱中冷藏 4~5 小时，使盐分渗
   入鱼肉中。

2 将花椒的花上的灰尘、梗、叶等清理干
   净，在热水中放盐，放入花椒的花迅速
   焯水，取出，控干水分。

3 将樱鳟切片，用铁扦子穿起，在炭火上
   烤至鱼皮酥脆。这是此道料理的灵魂。

4 将樱鳟盛盘，浇上热的调味汤汁。上桌
   前再撒上花椒的花。

芝麻醋拌鲭鱼配炒芝麻

- -

鲭鱼（又叫花巴、巴浪，在日本叫青花鱼）、盐
昆布醋（醋、昆布）
芝麻醋 *（白芝麻酱 60 克、醋 30 毫升、出汁
　70 毫升、砂糖 10 克、淡口酱油 5 毫升）
炒白芝麻

* 芝麻醋：将所有材料混合均匀而成。

1　将鲭鱼三枚切，抹上盐，静置 2 小时。

2　洗净盐分，控干水分，在昆布醋中浸泡 2 小时。昆布醋是将昆布在醋中浸泡而成。

3　取出鲭鱼，剥皮，拔除肋骨和小刺，切厚块，装盘。

4　浇上芝麻醋，将刚炒好的白芝麻从上方轻轻撒在鲭鱼上。

鲭鱼配白菜棒寿司

- -

鲭鱼、盐
白菜
白菜煮汁（出汁 360 毫升、盐 2 小勺、淡口酱油 5 毫升）
鸭儿芹梗
芡汁（白菜煮汁、水葛粉）

- -

1　将鲭鱼三枚切。在平底盘上铺大量盐，鲭鱼皮朝下置于盐之上，再从上往下将大量盐撒在鱼肉上。静置 30 分钟。

2　白菜纵向切成 4 等份。用盐、淡口酱油为出汁调出清淡口味，将白菜放其中煮。冷却泡至入味。

3　将鲭鱼上的盐分冲洗干净，控干水分。在鱼皮上划出细细的刀纹，以便将其卷起。刀从背鳍侧切入肉质较厚的背侧，朝着腹侧切开，切成厚度均匀的鱼肉块。

4　在卷帘上铺保鲜膜，将鲭鱼的鱼皮朝下置于保鲜膜上。白菜挤干水分，撕成一片片，置于鱼肉之上，对齐菜叶和菜梗。

5　再用卷帘卷一下，两头敞开，直接放入蒸锅蒸煮。

6　当蒸锅加热至冒出水蒸气时，将卷帘放入蒸 10 分钟，将鲭鱼蒸透。根据鲭鱼的大小调整蒸的时长。

7　蒸好之后解开卷帘，将裹着保鲜膜的鱼块切成 3 厘米长的小段，去除保鲜膜，用焯过水的鸭儿芹梗将鱼段扎紧，在鱼皮那面打结。

8　将步骤 2 的白菜煮汁加热，加水葛粉调成芡汁。

9　鱼段盛盘，浇上热芡汁。

| 鲅鱼 |

烧霜寒鲦
配水芹
拌金山寺味噌

　　寒鲦指冬季油脂丰富的鲅鱼，这道
菜以烧霜的方法烹制。先抹上盐以收紧
肉质，再将鱼皮侧置于炭火上烤制以增
香。烤制鲅鱼皮散发出的烟熏香味，与
水芹拌金山寺味噌的香味相得益彰，建
议二者一同食用。

| 鲅鱼 |

烤鲅鱼配
鱼子凉拌汁
附鱼白醋

　　将鱼肉作为主菜，再用这种鱼的卵
巢和鱼白作为配菜，是绝不会出错的搭
配。在关西或濑户内，从早春至初夏是
鲅鱼的渔猎期，鲅鱼在这个时期尚未产
卵，因此关西地区的人们创造了许多利
用卵巢和鱼白入肴的料理。此道料理中
的鲅鱼产自兵库县明石市。

鲅鱼锅仔

　　白菜中含有与昆布相同的美味成分——谷氨酸。在此道料理中，将白菜慢煮出柔和美味，与出汁的美味组合成锅仔汁，用来与鲅鱼合煮出一锅热腾腾的锅仔。

烧霜寒鲦配水芹拌
金山寺味噌

鲅鱼（日本叫马鲛鱼）鱼腹肉、盐

金山寺味噌拌水芹

　　水芹、盐

　　松仁

　　金山寺味噌（日本纪州特产）

1　将鲅鱼三枚切，抹盐，夹在脱水膜中，放入冰箱冷藏 2~3 天，使鱼肉变得紧致。

2　在热水中放盐，放入水芹迅速焯水，捞出后挤干水分，切成适宜入口、长短一致的段，与松仁一起拌金山寺味噌。

3　鲅鱼使用油脂丰富的鱼腹侧的鱼肉。从脱水膜中取出鱼肉，在鱼皮上划出细细的刀纹。

4　将鱼皮侧放在炭上烤制，烤出的油脂会为鱼肉增香。

5　将鲅鱼切成厚 5 毫米左右的薄片，将水芹拌金山寺味噌置于其上。

烤鲅鱼配鱼子凉拌汁
附鱼白醋

鲅鱼 1 条 4 千克

鲅鱼子凉拌料

　　鲅鱼卵巢

　　淡口酱油

鲅鱼白醋

　　鲅鱼的鱼白

　　三杯醋（见 108 页）

荚果蕨 *

* 荚果蕨：草苏铁的别称，与蕨菜类似，但品种不同。

1　将鲅鱼三枚切，再切成薄片。

2　制作鲅鱼子凉拌料。取出鲅鱼的卵巢，焯热水后捞出置于笊篱上自然冷却。将冷却的卵巢拆散放入锅中，倒入少许淡口酱油翻炒，炒至鱼松状即可。

3　制作鲅鱼白醋。将鲅鱼白在热水中煮透，控干水分，碾碎并滤除杂质。滤除杂质后的鱼白和三杯醋按 2 ： 1 的比例，混合搅拌均匀。

4　将鲅鱼片用铁扦子穿起，烤制鱼皮侧。

5　将鲅鱼片切厚块，放上步骤 2 的鲅鱼子凉拌料。在热水中放盐，放入荚果蕨焯水，点缀在鲅鱼上。鱼白醋另附。

鲅鱼锅仔

鲅鱼 12 片每片 50 克

白菜、出汁

茼蒿叶

白萝卜泥

锅仔汁（白菜煮汁、淡口酱油）

----

1 鲅鱼片霜降处理。

2 将白菜纵向 4 等份切开，放入大量出汁中煮沸，然后改小火慢煮，直至白菜充分入味。

3 准备锅仔汁。将步骤 2 的汤汁用淡口酱油调味。

4 倒入砂锅，放入鲅鱼片、茼蒿叶。待煮至充分沸腾时，在锅中食材上放白萝卜泥，上桌。

| 秋刀鱼 |
肝酱油
浇秋刀鱼

  秋刀鱼较长，用两根铁扦在鱼肉上各穿一侧，将鱼肉较薄的鱼腹、鱼尾对折出厚度，烤至鱼肉松软。将鲜美的秋刀鱼肝制成肝酱油，覆在白萝卜泥上，二者的味道相互渗透，更加美味。

| 秋刀鱼 |
盐烧秋刀鱼配
炭火烤松茸

  秋刀鱼是秋季时令鱼类中的代表，将鱼片的两端向内卷起并穿成串烤制，可以尽情享受大快朵颐的乐趣。

  用松茸卷起鱼肉，或与鱼肉叠起烤制，都不如分开烤制，再一同享用。

薄切生竹荚鱼肉配酸橘

| 银鱼 |

炸银鱼配乌鱼子

| 银鱼 |

干炸银鱼配咸豌豆

肝酱油浇秋刀鱼

秋刀鱼、盐
肝酱油（秋刀鱼肝、日本酒、浓口酱油各适
　量，砂糖少许）
白萝卜泥、葱芽

1　将秋刀鱼三枚切，在鱼皮侧划出细细的
　刀纹。将鱼肉较少的鱼尾和鱼腹对折起
　来，用2根铁扦各穿一侧，在炭火上烤
　制，轻轻撒上盐。

2　当从刀口滴下的油脂经过烟熏，散发出
　香味时就烤好了。

3　制作肝酱油。将秋刀鱼肝、日本酒、浓
　口酱油、砂糖调和在一起，煮沸之后碾
　成泥状，滤除杂质。鱼肝中的苦味使味
　道更加浓郁。

4　轻轻挤干白萝卜泥中的水分，捏成团置
　于秋刀鱼之上，倒上步骤4的肝酱油。
　再撒上整齐切段的葱芽。

盐烧秋刀鱼配炭火烤松茸

秋刀鱼、盐
松茸
酸橘

1　轻轻刮除秋刀鱼鳞，将鱼大名切（三枚
　切的一种切法，中骨部分残留有稍多的
　鱼肉），抹上盐，在冰箱中冷藏半天使
　其入味。

2　因鱼身较长，准备两根扦子，在秋刀鱼
　两侧各穿一根，用炭火烤制。如鱼肉厚
　度不一，可以将鱼片的两端向中间卷起
　再烤。如果鱼身不长，只穿一根扦子
　也可。

3　将松茸纵向对半切开，置于烧烤网上，
　用炭火烤制。在松茸上盖一层铝箔纸，
　以蒸烤的方式加热。

4　将烤好的秋刀鱼与松茸装盘，用酸橘
　装饰。

薄切生竹荚鱼肉配酸橘

　　在竹荚鱼上抹盐，静置，待盐分充分渗
入之后切成薄片。用榨汁机榨出酸橘汁，
再兑入出汁以中和酸味，口感更柔和。

竹荚鱼（见72页）、盐
混合醋（出汁、淡口酱油、煮切味淋、酸橘汁
　2:1:1:1）
鱼子酱、酱油渍鲑鱼子（见92页）
酸橘、柚子皮

1　将竹荚鱼三枚切，抹上盐，在冰箱中冷
　藏半天，使盐分渗入。

2　将竹荚鱼切成薄片，沿着盘子边缘摆成
　一圈。竹荚鱼不可切得太薄，也不可太
　厚，厚度以能够尽情享受口感的程度
　为宜。

3　制作混合醋。将所有材料混合在一起。
　削下酸橘皮。

4　将混合醋浇在竹荚鱼上，放上鱼子酱、
　酱油渍鲑鱼子。将酸橘的果肉和皮，以
　及柚子皮丝，撒在鱼肉之上。建议几样
　食材一同入口，全方位享受美味。

炸银鱼配乌鱼子

如果银鱼够新鲜的话，用油炸熟后就会呈现挺直的状态。此道料理的咸味来自乌鱼子而非盐。不同季节、不同产地的乌鱼子大小各异，建议选择个头大的用于油炸。

银鱼

低筋面粉、薄面衣（低筋面粉、鸡蛋、水）

食用油

乌鱼子（见 28 页）

----

1 银鱼用水洗净，控干水分，晾干。

2 在银鱼上撒面粉，在薄面衣里浸一下，放入 170℃的食用油中快炸。油温不宜过高，将鱼炸得雪白。

3 控干多余的油分，盛盘。将乌鱼子捣碎，撒在其上。

干炸银鱼配咸豌豆

银鱼是初春的时令食材，此道料理使用岛根县宍道湖出产的银鱼，其渔猎期在 11 月 15 日至 5 月 31 日之间，但在 3 月会迎来上市的高峰。

这一时期也恰逢豌豆的时令，用来制作咸豌豆，为银鱼料理锦上添花，二者的香味相映成趣。

银鱼

淀粉

食用油

咸豌豆（豌豆、盐）

----

1 银鱼洗净，控干水分。

2 将淀粉撒在银鱼上，抖去多余的粉末，放入 170℃的食用油中快炸。

3 制作咸豌豆。在热水中放盐，放入豌豆焯水。捞出后，碾成豌豆泥，滤去杂质。

4 将豌豆泥在锅中干炒，待炒出颗粒感之后，放入盐轻轻翻炒，再放入研钵中研磨至柔软。

5 将银鱼盛盘，将咸豌豆置于其上。

| 鲷鱼 |

鲷鱼配乌鱼子

虽说乌鱼子与白萝卜是标配，但此道料理却用鲷鱼代替白萝卜。红的乌鱼子与白的鲷鱼肉，碰撞出美丽的对比色。口感胶黏的半生乌鱼子与鲷鱼，美味加倍。

| 鲷鱼 |

芜菁盛鲷鱼头

此道料理由鲷鱼头（杂碎）与芜菁搭配而成。当作容器用来盛装鲷鱼的圣护院芜菁，需事先挖去心并煮软。将用出汁煮过的鲷鱼头（杂碎），盛入温热的芜菁"碗"中，享用时将鱼肉与芜菁一同品味。

酒蒸兜煮鲷鱼头

此道料理主要品尝鲷鱼头，因此切鱼头时，应保留鱼鳃下方周边鱼肉较多的部位。鱼头附近的鱼肉肉质紧致、油脂较厚，为避免残留细小的鱼鳞及血合，应霜降处理之后仔细清除，这一点非常重要，哪怕残留一小片鱼鳞，也会破坏整道料理。作为配菜的笋，温在鲷鱼出汁中，与鲷鱼肉的口味浑然一体。

鲷鱼

鲷鱼头蒸竹笋

这是鲷鱼和竹笋在春季的时令餐桌上的一次胜利会师。在同一时间上市的食材，相信会有完美的结合。此道料理是将产自明石市的鲷鱼头兜煮之后，再置于昆布上蒸煮而成。

无论鱼类多么新鲜，鱼头或杂碎上都难免有腥臭之味，用大量盐使食材脱水以去除异味是很关键的步骤。

145

鲷鱼配乌鱼子

鲷鱼（兵库县明石市出产）、盐
乌鱼子（半生）*

* 乌鱼子（半生）：将乌鱼卵巢的血管清理干净，用
  玉酒（将日本酒与水以 1:1 兑成）洗净血水，控干
  水分。在平底盘中铺上一层盐，将乌鱼子置于其
  上，将盐在其上堆成锥状腌 5~6 小时。取出乌鱼
  子，控干析出的水分，放入冰箱中冷藏 3 天，再
  取出用玉酒洗净。置于厨房中通风良好的地方 1~2
  周，制成半生的乌鱼子。

- -

1　将鲷鱼三枚切，切成小块，撒上薄薄的
　　一层盐。在冰箱中冷藏 1 小时左右，
　　稍微去除水分，使味道浓缩，再切成
　　薄片。

2　将乌鱼子切成薄片，与鲷鱼片交替叠放
　　在盘中。

芜菁盛鲷鱼头

鲷鱼头、盐
鲷鱼煮汁（出汁、淡口酱油）
圣护院芜菁 *、昆布水（昆布、水）
油菜花
柚子皮丝

* 圣护院芜菁：日本品种，个头很大，重达 5 千克
  左右。

- -

1　仔细刮除鲷鱼头上的鱼鳞，撒上大量
　　盐，在冰箱中冷藏 1 天以去除腥味。次
　　日用流动水将盐洗净。

2　将鲷鱼头对半切开，剪去胸鳍，分切
　　成易于入口的大小。霜降处理并去除
　　血合。

3　将圣护院芜菁的心掏空，在昆布水中
　　煮软。

4　鲷鱼头在出汁中慢煮，最后调入淡口酱
　　油，装入尚有余热的芜菁中。油菜花焯
　　水，与柚子皮丝一起装饰菜品。

酒蒸兜煮鲷鱼头

鲷鱼头、盐、昆布

鲷鱼蒸汁（出汁、日本酒 1:1，盐适量，淡口酱
　油少量）

笋、米糠

笋煮汁（鲷鱼出汁 *、盐、淡口酱油）

茼蒿叶

花椒嫩叶

* 鲷鱼出汁：将盐抹在鲷鱼头上，静置 2~3 小时以去
　除腥味。析出水分之后，霜降处理并放入一番出汁
　中蒸煮而成。

1　将鲷鱼头对半切开，浸入热水中霜降处
　　理，仔细清除细小的鱼鳞。

2　在平底盘铺一层昆布，将鲷鱼头置于其
　　上，倒入温热的鲷鱼蒸汁，蒸 15~20 分
　　钟。要注意，蒸汁应事先加热，如凉
　　蒸汁与鲷鱼一同加热，会将鲷鱼煮得
　　太老。

3　在水中放入米糠和笋，煮至去除笋中
　　的涩味。笋捞出后放入笋煮汁中保持
　　温热。将茼蒿叶焯热水，投入凉水中
　　冷却，控干水分，放入笋煮汁中保持
　　温热。

4　将鲷鱼头、笋、茼蒿叶装在盘中，倒入
　　笋煮汁。用花椒嫩叶装饰菜品。

鲷鱼头蒸竹笋

鲷鱼头、盐

日本酒、昆布、盐

笋（已除涩味）、调味汤汁（见 134 页）

蕨菜、八方汁（见 38 页）

1　将鲷鱼头对半切开，每一半再切分成
　　5~6 块。

2　将盐撒在平底盘上，将鲷鱼头置于其
　　上，撒上大量盐。静置 20~30 分钟析出
　　水分，霜降处理后投入冷水中。仔细清
　　除细小的鱼鳞。

3　笋用调味汤汁煮一会儿，冷却后浸泡至
　　入味。

4　将蕨菜焯热水，浸入八方汁中。

5　将昆布铺在平底盘中，洒上日本酒，将
　　鲷鱼头置于盘中，撒上适量盐，静置
　　20~30 分钟，用大火蒸熟。

6　将鲷鱼头盛盘，将笋加热，捞出置于盘
　　中。展平蕨菜，点缀菜品。

| 江珧 |
烤江珧配
青海苔冻

　　此道料理选用的江珧产自爱知县，
仅烤制其表面，使之散发香味，而内部
则保留生鲜的口感。此道料理将贝壳的
鲜香，与蕴含在青海苔冻中的来自海水
的清香和谐地融为一体。为了突显出青
海苔的色、香及风味，对青海苔本身并
不加热，而是直接投入尚未冷却的吉利
丁锅中。

| 章鱼 |
章鱼先锋葡萄
配秋葵酱

　　此道料理使用兵库县明石市出产的
章鱼。其关键是保持章鱼的咸味与葡萄
的甜味之间的平衡。为避免盐分过高，
章鱼腿无需用盐水煮，只需在热水中短
暂浸泡一下即可，如此可保持其半生半
熟的口感。

　　而章鱼的吸盘须用盐细搓并煮透，
如此方可烹制出不同的口感。

| 章鱼 |
干炸章鱼

　　将柔煮章鱼油炸之后，又是别样美味。先在低油温下炸，至内部炸热，最后用高油温迅速收尾。

| 带鱼 |
醋拌带鱼配火龙果

　　爱垂钓的人们，喜欢将宽达 5 指的大带鱼称为"龙"。店家为此道带鱼料理搭配了火龙果，火龙果味淡，其特有的清淡味道，可以很好地衬托带鱼的香味。

烤江珧配青海苔冻

江珧（又叫带子）1 只 100 克

青海苔冻

　生青海苔（又叫海青菜、条浒台）

　三杯醋（见 108 页）和鲣鱼出汁 3:1

　吉利丁片

1 江珧去壳，剔除肝等内脏，取出贝柱备用。1 颗贝柱薄切成 3 等份。贝壳洗净，当作容器备用。

2 加热烧烤网，将贝柱置于其上并烤制表面。翻面，烤制另一面。贝柱内部保持生的状态。

3 加工青海苔冻。三杯醋、鲣鱼出汁混合加热。

4 沸腾之后关火，将 10 克吉利丁片在水中泡软，放入 400 毫升步骤 3 的汤汁中融化。放入 50 克清理干净的生青海苔，将整个锅浸入冰水迅速冷却。再倒入容器中，使之凝固。

5 将贝柱盛入贝壳，倒入青海苔冻。

章鱼先锋葡萄配秋葵酱

章鱼腿 1 只（2 千克重章鱼的腿）

先锋葡萄（无籽）

秋葵酱

　秋葵 3 根

　八方汁 * 15 毫升

* 八方汁：出汁、淡口酱油、味淋按 5:1:1 的比例混合，煮沸后持续沸腾 30 秒钟即成。

1 将章鱼腿剥皮，从皮上拆下吸盘。吸盘用盐搓，再放入热水中煮透，控干水分备用。

2 将章鱼腿切成薄片，划出刀纹，投入沸水中，片刻后捞出并泡入冰水。注意不可加热过久。冷却后控干水分。

3 将先锋葡萄剥皮。

4 制作秋葵酱。将秋葵迅速焯水后立即泡入冰水中冷却，控干水分。

5 秋葵去籽，用刀拍扁，倒入八方汁搅拌。利用秋葵分泌的黏液做成芡汁。

6 将章鱼腿、吸盘、先锋葡萄装在盘中，浇上秋葵酱。

干炸章鱼

柔煮章鱼（见 51 页）

淀粉

太白芝麻油

盐

酸橘

----

1 控干柔煮章鱼中的水分，切成整齐的一口大小。

2 将章鱼加盐，裹上淀粉，抖去多余的粉末，放入 170℃ 的太白芝麻油中炸透，最后将油温升高，速炸一下捞出，沥干油分。

3 盛盘，将酸橘切成圆片，在盘中摆在靠近自己的一侧。

醋拌带鱼配火龙果

带鱼（日本叫太刀鱼）、盐

火龙果

九条葱（见 69 页）、醋

裙带菜、出汁

混合醋 *（出汁、醋、煮切味淋、淡口酱油
　　3：1：1：1）

芥子醋味噌 *（玉味噌 *200 克、醋 110 毫升、
　　水芥子 30 克、芝麻 10 克、淡口酱油少许）

紫苏花穗

* 混合醋：混合所有材料即成。
* 芥子醋味噌：在玉味噌中调入醋及芝麻。加入水芥子，注意整体味道的浓淡。最后滴入淡口酱油。
* 玉味噌：将白味噌 500 克、蛋黄 2 个、味淋 40 毫升、砂糖 50 克，芝麻酱 10 克、日本酒 60 毫升混合搅拌均匀，装在容器中。隔热水边搅拌边熬制 1 小时，熬至比蛋黄酱略硬即可。

----

1 砍下带鱼头，清除内脏，切成长度适宜的段，再进行三枚切。

2 在鱼皮上划出细细的刀纹，用铁扦子穿成串，用炽热的炭火烤制鱼皮侧，再切成适宜入口的大小。

3 将裙带菜在出汁中浸泡片刻，捞出投入冷水，控干水分，切成方片。

4 将九条葱焯热水，去除内侧的黏液，用醋清洗，切成适宜入口的长度。

5 将火龙果剥皮，切成条状，用醋清洗。

6 将九条葱、裙带菜、火龙果盛在盘中。将带鱼片摆在盘中靠近自己的一侧，浇上混合醋，放入芥子醋味噌，再用切得长短适宜的紫苏花穗装饰菜品。

| 鳕鱼白 |
菌类芡汁
鳕鱼白

　　选用新鲜的鱼白，在 60 ℃的盐水中稍微加热，这是突显鱼白特有风味的关键性步骤。将鲜美的菌菇芡汁，浇在黏稠的鱼白上。美味之源的菌菇种类越多，鲜味的相乘效果越佳。

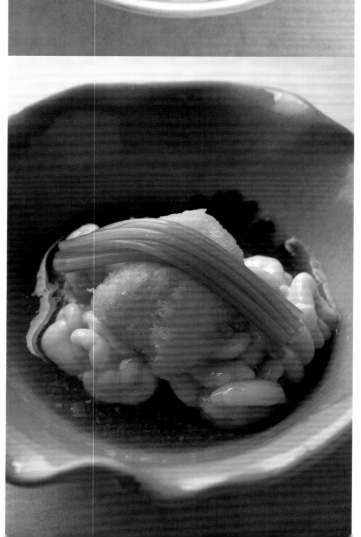

| 鳕鱼白 |
萝卜泥橙醋拌
鳕鱼白

　　萝卜泥橙醋的风味能够衬托出口感醇厚的鱼白。橙醋不可加热，上桌时再浇在菜品上，可保持清香和新鲜，以及酸味的柔和。

风吕吹萝卜盖鳕鱼白

　　此道美食的精髓，在于以柔和的手法烹制鳕鱼白。对慢煮入味的白萝卜薄薄勾芡，为口感绝佳的鱼白添上点睛的一笔。

| 鳕鱼白 |

鱼白盖饭

　　此道料理是对烤得喷香的鱼白勾上葛粉芡汁，再盖在米饭上享用。鱼白未经霜降处理，直接盖在米饭上，因此完整地保留了黏稠、浓厚的口感。七味辣椒粉更是锦上添花。

菌类芡汁鳕鱼白

鳕鱼白、盐
菌菇芡汁（菌菇 *、出汁、淡口酱油、浓口酱
　油、味淋、水葛粉）

* 菌菇：使用本占地菇、白舞茸、榆黄蘑、平菇。品
　种不限，尽量多样。

1　将鱼白切成一口大小，放入盐水中
　加热。

2　待盐水加温至 60 ℃时关火，5 分钟后
　捞起。

3　制作菌菇芡汁。将清理干净、切成一口
　大小的菌菇放入热出汁中煮。调入淡口
　酱油、浓口酱油、味淋（各等量），用
　水葛粉勾芡，调至自己满意的浓稠度。

4　趁热将鱼白盛入盘中，浇上步骤 3 的
　芡汁。

萝卜泥橙醋拌鳕鱼白

鳕鱼白、盐
萝卜泥橙醋
　橙醋（酸橘汁、出汁 9：1，淡口酱油、煮切味
　淋各少量）
　萝卜泥
西芹梗、茼蒿叶

1　将鱼白切成一口大小，放入盐水中
　加热。

2　待盐水加温至 60 ℃时关火，5 分钟后捞
　起。放入冰水中冷却。

3　制作萝卜泥橙醋。先榨出酸橘汁，兑入
　出汁，加入极少量的淡口酱油及煮切味
　淋调味。

4　将萝卜捣成泥，置于笊篱之上适当控
　水。将橙醋与萝卜泥混合即成。

5　将茼蒿叶铺在盘中，将鱼白置于其上。
　浇下萝卜泥橙醋，用切得长短整齐的西
　芹梗装饰菜品。

风吕吹萝卜盖鳕鱼白

鳕鱼白、日本酒、盐

出汁、盐、淡口酱油、水葛粉

白萝卜、淘米水

煮汁（出汁，盐，淡口酱油、味淋、日本酒各
　少许，昆布）

油菜花、八方汁（见 38 页）

柚子皮

*风吕吹萝卜，意思是白萝卜在淘米水中煮，如同沐浴
（风吕）一般，故此得名。*

1　将白萝卜桂剥切（先切圆柱形，再从圆
　　柱的侧面像削皮一样，削成连续不断的
　　薄片，然后再卷成圆柱形），用淘米水
　　小火慢煮。淘米水可析出杂质，煮至汤
　　汁雪白。

2　出汁调入盐、淡口酱油味淋及日本酒，
　　调成味重的煮汁，将白萝卜煮 30~40 分
　　钟。静置一天一夜使之入味。

3　将鳕鱼白放入平底盘，浇上日本酒，
　　撒上盐，在蒸锅中蒸 20 分钟。在常温
　　下冷却，放入搅拌机搅拌成泥，滤去
　　杂质。

4　在步骤 3 的食材中加入少量出汁并加
　　热，调入盐、淡口酱油。用水葛粉勾出
　　薄薄的芡汁。

5　将油菜花焯盐水，挤干水分，泡入八
　　方汁（预渍）。片刻之后，八方汁变
　　稀，捞出油菜花，泡入新的八方汁
　　（本渍）。

6　将白萝卜在蒸锅中加温，盛盘，盖上温
　　热的鱼白。用油菜花点缀菜品，撒上切
　　丝的柚子皮。

鱼白盖饭

鳕鱼白

米饭

葛粉芡汁（出汁、浓口酱油、味淋 8:1:1，水
　葛粉适量，生姜汁少许）

七味辣椒粉（日本料理中一种以辣椒为主料，
　搭配其他六种不同香辛料配制的调味料）

1　将鳕鱼白迅速清洗，控干水分，切成一
　　人份大小。

2　将鱼白置于烧烤架上，用炭火烤制表面
　　至散发香味。

3　制作葛粉芡汁。在出汁中加入浓口酱
　　油、味淋，煮沸。用水葛粉勾芡，最后
　　倒入生姜汁增香。

4　将米饭盛入碗中，盖上烤好的鱼白，浇
　　上热葛粉芡汁，再撒上七味辣椒粉。

烤贝类
配百合醋

此道料理中使用的 3 种贝类，都是夏季的时令食材，只需稍加烤制即可享受肉质的甘美。百合醋，使甘甜的螺贝肉又带上了微微的酸甜。制作百合醋应选择白色的调味料，且不可上色。

虾夷法螺肝拌
醋味噌

虾夷法螺主要产自北海道，肉质嚼劲十足，此道料理是从贝壳深处挖出肝，煮过之后碾成泥，滤去杂质，拌入醋味噌而成。

虾夷法螺的时令始于夏天，酸味调料使之更加爽口。

鸟贝肉配野菜泥

　　产自三河湾的鸟贝，表面光洁有光泽，在处理时应注意。去壳之后，立即烤制上桌。

　　野菜泥美味的关键，在于其清爽的香味及辣味。为了突显这种香味，临上桌前才会制作萝卜泥作为配菜。

| 鸟贝 |

烤鸟贝肉拌酱油山葵

　　此道料理中，融合了烤鸟贝肉的香味，以及山葵的辣味，非常适合搭配日本酒享用。

　　鸟贝宜选择肉质肥厚者。因肉藏在壳中，打开前无法判断，建议带壳掂量，选择分量重者。此菜选用产自爱知县的鸟贝。

烤贝类配百合醋

虾夷法螺 *

北极贝（又叫北寄贝）

鸟贝

百合醋

　百合

　醋、砂糖、盐

葱芽

* 虾夷法螺：主产于北海道，口感脆甜。

1　将虾夷法螺（产自北海道）肉挖出，去除白色的唾液腺，拆下肝。螺肉切成薄片。

2　北极贝（产自北海道）及鸟贝（产自岩手县）去壳，挖出贝柱及贝足，对半切开。

3　在贝类表面切若干刀口，使其更易于入口。置于烧烤架上迅速烤制。

4　制作百合醋。将百合蒸熟，碾成泥，滤去杂质，加入醋、砂糖、盐，调出酸甜味，冰镇备用。

5　将贝类盛盘，用葱芽点缀，配上百合醋。

虾夷法螺肝拌醋味噌

虾夷法螺 1 个

醪糟黄瓜（用醪糟煮过的黄瓜）1 根

肝醋味噌

　虾夷法螺肝

　醋味噌 *

* 醋味噌：在 1 千克白味噌中，加入 400 毫升醋、100 克砂糖混合而成。

1　将虾夷法螺肉从壳中挖出，去除白色唾液腺，切下肝。螺肉切成薄片。

2　制作肝醋味噌。肝在热水中焯过，煮透，控干水分，碾成泥，滤去杂质。加入与肝泥等量的醋味噌，搅拌均匀。

3　在砧板上撒盐，将醪糟黄瓜在盐上来回搓动，切成蓑衣黄瓜，投入热水，变色时捞出投入冰水。控干水分备用。

4　将虾夷法螺与黄瓜拌在一起，加入适量肝醋味噌即可上桌。

鸟贝肉配野菜泥

鸟贝、浓口酱油

野菜泥

    辛味大根 *

    野菜（玉簪花嫩叶、茗葱 *）

    盐、太白芝麻油

* 辛味大根：日本传统蔬菜——辣味萝卜。

* 茗葱：见 84 页。

----

1   鸟贝去壳，挖出鸟贝肉，切开至一半处，去除其中的黑线后再切成薄片。

2   控干鸟贝肉的水分，置于烧烤架上烤制。用刷子蘸取浓口酱油，来回刷 2~3 次，不时翻动。注意不可烤得太过，保持半生的状态即可。

3   制作野菜泥。将玉簪花嫩叶、茗葱切末，用太白芝麻油炒，撒入盐调味。

4   将辛味大根碾成泥，与步骤 3 的野菜泥混合，置于烤鸟贝肉之上。

烤鸟贝肉拌酱油山葵

鸟贝

酱油山葵

    山葵（制作芥末的原料）

    盐

    味淋酱油（味淋、浓口酱油 1:1）

紫苏花穗

----

1   制作酱油山葵。将山葵剁成大块，使辣味更重。用盐搓，破坏其纤维。

2   将山葵用水洗净。在味淋中调入酱油（不加热），放入山葵腌渍。放置 2~3 天，辣味可达最高值。

3   鸟贝去壳，挖出鸟贝肉，切开至一半处，去除其中的黑线后再切成薄片。

4   鸟贝用喷火枪烤制后，直接拌入酱油山葵中。盛盘后，用紫苏花穗点缀。

|鲱鱼|
炸幽庵汁
渍鲱鱼

　　将鲜美的生鲱鱼肉腌渍在幽庵汁中，充分入味后油炸。可以代替鲱鱼的还有青鱼，以及鲭鱼、秋刀鱼等。

　　在腌泡汁中腌渍过的鱼肉容易炸焦，因此建议调低油温。

|海参卵巢干|
葛粉勾芡炸生
海参卵巢干卷
毛蟹腿肉

　　半生的海参卵巢干口感柔软，卷上产自根室的毛蟹腿肉，一同油炸。卵巢干受热散发出香味，且变得更加柔软，易于食用。半生的海参卵巢干（产自冈山县）所含盐分较低，不会掩盖毛蟹的味道。

文蛤配蜂斗菜味噌

此道料理选用的文蛤分量较大，产自千叶县。为了品尝贝类本身的口感和香味，仅将文蛤肉煮至半熟。

使用蜂斗菜制成的蜂斗菜味噌，搭配速炒后冷却的牡蛎也很美味，二者都是人气前菜。

炸幽庵汁渍鲕鱼

鲕鱼

幽庵汁（浓口酱油、日本酒、味淋 1:1:1，切圆
　片的柑橘适量）

低筋面粉

食用油

葱白（切细丝）

酸橘

1　将鲕鱼三枚切，切成易于入口的鱼片，
　在幽庵汁中浸泡 1 小时。

2　倒干幽庵汁，控干水分，将鱼肉抹上低
　筋面粉。抖去多余的粉末，放入 140~
　150℃的食用油中炸。

3　控干油分，盛盘，用葱白丝、酸橘
　点缀。

葛粉勾芡炸生海参卵巢干卷毛蟹腿肉

半生海参卵巢干

毛蟹腿肉

食用油

珊瑚菜（又叫北沙参）

葛粉芡汁（出汁、盐、淡口酱油、水葛粉）

1　将半生的海参卵巢干夹在保鲜膜之间，
　用擀面杖在表面滚动，将卵巢干擀散。

2　将卵巢干摊平在卷帘上，将毛蟹腿肉置
　于卵巢干上，利用卷帘将其卷成卷。打
　开卷帘，两端用牙签固定。

3　将步骤 2 的食材放入 180℃的食用油中
　炸，捞出后切成一口大小。珊瑚菜焯
　水，用来捆扎炸好的卵巢干，盛盘。

4　制作葛粉芡汁。加热出汁，调入盐、淡
　口酱油，调成味重的汤汁。用水葛粉勾
　芡，上桌前浇在步骤 3 的食材上。

文蛤配蜂斗菜味噌

文蛤 1 个 150 克

蜂斗菜味噌

　蜂斗菜（又叫款冬）

　橄榄油

　出汁

　玉味噌 *

玉簪花嫩叶、盐

* 玉味噌：将白味噌 1 千克、蛋黄 10 个、日本酒 100
　 毫升、味淋 100 毫升、砂糖 50 克加热熬制。

1　将文蛤壳拆下。水烧开，放入文蛤肉烫
　　至半熟。文蛤本身含有盐分，因此不必
　　使用盐水。

2　制作蜂斗菜味噌。将蜂斗菜切碎，用橄
　　榄油炒至散发出香味时，倒入出汁至没
　　过蜂斗菜，煮沸。加入与出汁等量的玉
　　味噌，煮沸后持续沸腾 30 秒钟，冷却
　　备用。

3　将玉簪花嫩叶迅速焯盐水备用。

4　将文蛤壳洗净，将文蛤肉切成易于入口
　　的大小，装在壳中。再在其上盛放蜂
　　斗菜味噌，玉簪花嫩叶切整齐，点缀
　　菜品。

文蛤礁膜配
花椒花

　　若要烹制出口感柔软、肉质肥厚的文蛤，关键是掌握好火候。加热过度会使文蛤肉缩水、变硬。

　　在汤汁中加入生姜汁，可使口感更加清爽。

潮汁炸文蛤

　　此道料理是将文蛤肉裹上葛粉油炸，作为汤品中的主料。它既为汤品增香，又增加了汤品的分量感。

　　花椒的花时令很短，它的芳香，以及柔和的刺激感，搭配食用油特别和谐。此道料理选用的大个文蛤，产自千叶县九十九里。

|海鳗|
汤引海鳗配
梅子醋

　　此道料理将带有梅子肉的梅子醋，浇在汤引处理过的海鳗上。也有用梅肉泥制成的小菜，而此道料理则是将梅子作为配菜。这里选择汤引海鳗搭配新鲜的梅子。此菜的海鳗约有 600 克，产自韩国，不亚于淡路出产的海鳗。

|海鳗|
海鳗鱼莼菜

　　在此道料理中，梅子肉是海鳗的配菜。梅子肉由餐厅自制，以低盐的纪州产梅子干，与奈良产的红色梅子干调和而成，咸味适中，很好地衬托了产自淡路、味道柔和的海鳗。此外，用土佐醋清洗莼菜，可避免其析出过多水分。

文蛤礁膜配花椒花

文蛤

礁膜（又叫石菜、青苔菜）、花椒的花

昆布出汁 *

日本酒

盐少许

生姜汁少许

* 昆布出汁：将 150 克昆布在 8 升水中浸泡一天一
  夜，煮 1~2 小时。取出昆布，将汤汁煮沸后持续沸
  腾 30 秒，撇去表面浮沫即成。

1 打开文蛤壳，取出文蛤肉。在边缘划出
  细细的刀纹，以便入口。这个步骤虽略
  烦琐，但很重要。

2 在昆布出汁中加入少许日本酒、盐，放
  入文蛤肉快煮。控制火候，以汤汁表面
  不会冒出沸腾的泡沫为宜。文蛤肉一膨
  胀就捞出。

3 将步骤 2 的出汁过滤出来，调入日本
  酒、少许生姜汁。

4 将礁膜迅速过热水，捞起投入冷水中。

5 将文蛤肉及礁膜盛在碗中，将步骤 3 中
  热的出汁倒入。花椒的花焯水，置于
  其上。

潮汁炸文蛤

文蛤、盐

葛粉

食用油

花椒的花、盐

珊瑚菜（又叫北沙参）

1 将文蛤泡入盐度 3% 的水中，使其吐
  沙。沙子吐净后倒入锅中，加水至文蛤
  壳露出水面少许的程度，开大火。壳一
  打开立即关火捞出。

2 将文蛤肉挖出，将滴下的汁水收集起
  来，用于制作汤汁。如果太咸，可用水
  稀释。

3 将葛粉在研钵中捣至粉末状，裹在文蛤
  肉上，放入 170~180℃ 的食用油中炸。
  短时间炸制出外酥里嫩的效果。

4 将炸好的文蛤肉分别装在两片壳中。加
  热步骤 2 的汁水，倒入两片贝壳中，将
  珊瑚菜和焯水的花椒的花置于其上。

汤引海鳗配梅子醋

- -

海鳗

梅子醋

   梅子（又叫青梅、酸梅）

   三杯醋（见 108 页）

   淡口酱油

可食花（仅装饰，没有可不放）

汤引就是食材焯水后过冰水的方法。

- -

1 剖开海鳗腹部，削去鱼骨，切成 2 厘米
   长的鱼段。一条 600 克左右的海鳗，鱼
   骨的硬度及鱼皮的厚度都适合汤引。

2 将热水浇在鱼皮上，再将整条海鳗浸入
   热水，片刻后捞出投入冰水。冷却后立
   即用厨房纸巾擦干水分。

3 制作梅子醋。梅子削皮，去籽，用刀拍
   扁，用三杯醋、淡口酱油调味。可以立
   即使用，也可以放置一夜使风味更加
   浓厚。

4 将可食花迅速焯热水，使之颜色更加
   鲜艳。

5 将汤引海鳗盛盘，浇上梅子醋，再用可
   食花点缀菜品。

海鳗鱼莼菜

- -

海鳗

莼菜

土佐醋 *（出汁 300 毫升，醋 50 毫升，味淋 30
   毫升，淡口酱油 20 毫升，砂糖 5 克，盐少
   许，切成圆片的朝天椒、鲣鱼花、生姜汁各
   适量）

梅子肉 *

秋葵

* 土佐醋：前 7 种材料加热至沸腾，放入鲣鱼花，过
  滤，加入生姜汁。

* 梅子肉：准备奈良产及纪州产的梅子干，分别去核
  留梅子肉备用。梅子核用日本酒煮后过滤，取酒汁
  与梅子肉放入搅拌机搅拌，滤去杂质，放入淡口酱
  油及煮切味淋调味。

- -

1 剖开海鳗腹部，削去鱼骨，切成 2.5 厘
   米长的鱼段。放入热水中，片刻之后捞
   起投入冰水，控干水分。

2 用水迅速清洗莼菜，再用土佐醋清洗。
   为保持颜色鲜艳，不做汤引处理。

3 将莼菜盛盘，盛入 3 片海鳗肉。倒入土
   佐醋，再将梅子肉置于其上。秋葵焯
   水，放入盘中。

海鳗鱼面
配炸鱼米花

此道料理的主体，是将海鳗捣成肉泥制作而成的鱼面，配菜则是用切薄的海鳗炸成的鱼米花。可谓一鱼两吃。

鱼米花在食客餐桌旁炸制。将冷面汁浇在刚出锅的鱼米花上，发出"滋滋"的声音，将一道形、音俱佳的美食呈现在人们眼前。

盐烧海鳗片

海鳗也可以烤制，但炭火温度太高，会将鱼肉烤过头。为免于此，建议先离炭火远一点烤制，然后再贴着炭火烤制，令鱼皮散发香味。此道料理的特点是鱼皮温，鱼肉凉。建议选用700~800克的海鳗（淡路出产）。

| 海鳗 |
海鳗寿喜锅

　　此道寿喜锅采用的食材，是产自淡路的海鳗以及洋葱。海鳗选择 0.8~1.2 千克的为宜。重量在此之上的海鳗，鱼骨太硬。此道海鳗寿喜锅，用的是拌入了海胆的温泉蛋。

| 海鳗 |
海鳗松茸
寿喜锅

　　此菜作料汁的制作与海鳗寿喜锅大致一样，但此菜未加入洋葱，口味变得较重。作料汁的分量有所提高，使鱼肉带上了浓厚的味道。

海鳗鱼面配炸鱼米花

鱼面 *

　　海鳗肉 500 克

　　蛋清 1 个

　　淡口酱油、盐各少许

　　水葛粉适量

鱼米花

　　海鳗

　　盐、葛粉

　　食用油

面汁（出汁、淡口酱油、煮切味淋 6:1:1，鲣
　　鱼花适量）

什锦番茄（番茄汁 * 800 毫升、吉利丁片 18 克）

拍秋葵（秋葵、出汁、淡口酱油各少许）

酸橘

* 鱼面：用鱼肉制作的面条。
* 番茄汁：将 8 个番茄用热水烫过，剥皮，放入搅拌
　机搅拌，滤去杂质。放入砂糖、盐、淡口酱油，调
　出甜味。

1　制作鱼面。将海鳗肉放入研钵，研磨成肉泥。将蛋清搅开，倒入研钵，与海鳗肉泥搅拌均匀，用淡口酱油、盐调味。倒入水葛粉，搅拌均匀。

2　将步骤 1 的食材填入压面筒，压出细条，将鱼面投入沸腾的水中。煮至浮起，用笊篱捞出，投入冰水中冷却。

3　制作鱼米花。海鳗肉切成薄鱼片。

4　将鱼片摆在铝箔纸上，注意避免重叠，薄薄地撒上盐，放入冰箱冷藏 1 天使之干燥。

5　将鱼片裹上葛粉，放入 170℃的食用油中，用小火炸 10 分钟，炸干水分。炸至酥脆，捞出控干油分。

6　制作面汁。混合出汁、淡口酱油、煮切味淋并加热，加入鲣鱼花，过滤，冷却。

7　制作什锦番茄。取 800 毫升番茄汁加温。用水将 18 克吉利丁片泡软，放入温番茄汁中融化。

8　倒入容器中，冷却、成型。

9　制作拍秋葵。去除秋葵籽，焯热水，控干水分，用刀轻轻拍扁。

10　倒入少许出汁，用淡口酱油调味。

11　将鱼面装盘，将秋葵置于其上，再配上切成骰子形的什锦番茄、酸橘。将在食客餐桌旁炸制的鱼米花盛盘，浇上冷面汁。最后将"滋滋"作响的菜品端上餐桌。

盐烧海鳗片

海鳗、盐
紫苏花穗
柚子皮

1 剖开海鳗腹部，削掉鱼骨，鱼肉用铁扦子穿成串。

2 抹上一层薄薄的盐，烤制鱼皮侧。待烤干时，将鱼皮侧直接置于炭火上，烤制3~5 秒钟，烤出香味。鱼肉侧不烤。

3 切成长 1 厘米的海鳗鱼片，高高叠放在小盘中。将紫苏花穗碎撒在其上，最后撒上碾碎的青柚子皮。

海鳗寿喜锅

海鳗
洋葱、出汁
作料汁（煮切酒、砂糖、浓口酱油 1:1:0.8）
蘸酱（温泉蛋、海胆）

1 剖开海鳗腹部，削掉鱼骨，鱼肉切成一口大小。

2 将洋葱切成较宽的半月形，用出汁快煮一下，以便保持酥脆的口感。

3 将作料汁倒入锅中，放入洋葱、海鳗煮。洋葱的甘甜及水分，会使佐料汁的味道更加醇厚。在温泉蛋中加入海胆，搅拌均匀，与菜品一起上桌。

海鳗松茸寿喜锅

海鳗
松茸
佐料汁（煮切酒、砂糖、浓口酱油 1:1:0.8）
可生食鸡蛋

1 剖开海鳗腹部，削掉鱼骨，鱼肉切成一口大小。

2 将松茸清理干净，切成 4 等份。

3 将作料汁在锅中搅拌均匀，放入海鳗肉及松茸并加热。

4 可生食鸡蛋打入碗中拌匀当蘸料。

油炸海鳗配松茸

将海鳗与松茸一同油炸，这是在秋天享用的美食。

海鳗与松茸都富含水分，如果一开始就用高温油炸，会导致迅速脱水、萎缩。为免于此，应用低温油慢炸。最后调高油温炸片刻捞起，沥干油分。

多宝鱼卷求肥昆布

　　求肥昆布是将昆布蒸熟，在甜醋中浸泡之后风干而得，与鱼搭配，效果最佳。

　　在多宝鱼中卷入剁碎的甜醋姜，如此制作而成的多宝鱼，没有黏腻的口感。这是古人为延长保存期限而创造的做法，一直流传至今。

油炸海鳗配松茸

海鳗

松茸

淀粉、鸡蛋、面包糠

色拉油

盐

---

1 剖开海鳗腹部，削掉鱼骨，鱼肉切成 3 厘米宽的条。

2 用毛刷将淀粉刷在海鳗肉表面，在蛋液中浸泡片刻，裹上面包糠。

3 将鱼肉放入 160℃的色拉油中炸透。待外表炸至金黄时，将油温迅速升高，炸片刻捞出，沥干油分。对半切开，以便入口。

4 将松茸清理干净，切成 4 等份，撒上盐，用毛刷刷上淀粉。在蛋液中浸泡片刻，裹上面包糠，放入 160℃的色拉油中炸。最后迅速升高油温，炸片刻捞出，沥干油分。

5 将鱼肉及松茸装盘，撒上盐。

多宝鱼卷求肥昆布

多宝鱼（日本叫鮃鱼）、盐

甜醋姜腌料汁（甜醋、姜）

求肥昆布

阳荷丝

胡萝卜丝

---

1 将多宝鱼五枚切。切下的鱼肉进一步观音开切（从鱼肉中间下刀，倾斜刀身，分别向左右切成左右夹刀片，形似观音神龛门扉打开的样子），保持厚度一致。

2 在多宝鱼上抹一层薄薄的盐，夹在脱水膜中间，放入冰箱冷藏一夜以脱水。

3 用厨房布蘸醋，擦拭求肥昆布表面，使之鼓胀起来。

4 将保鲜膜铺在卷帘上，将求肥昆布在其上展开、铺平，再放多宝鱼片。将甜醋姜剁碎撒在表面，卷起卷帘。用橡皮筋扎紧，静置 2~3 小时。

5 除去卷帘，连着保鲜膜，将材料切成圆段。

6 打开保鲜膜，装盘，放入阳荷丝与胡萝卜丝。

|河豚|

河豚鱼条盖
鱼子酱

|河豚|

烤河豚

汤引河豚配
海参肠

七味幽庵烧河豚

河豚

河豚冬季蔬菜火锅

河豚

河豚炸乌鱼子

河豚鱼条盖鱼子酱

此道料理将河豚肉切成厚鱼条，特点在于保留了河豚特有的口感。最后在味道清淡的河豚肉上，盖一层味道醇厚的鱼子酱。

河豚（上身）

鱼子酱（见30页）

橙醋*

* 橙醋：在1000毫升酸橙汁及少许酸橘汁中，加入500毫升浓口酱油、700毫升煮切酒、500毫升煮切味淋、适量鲣节及昆布，搅拌均匀而成。

----

1 切下河豚上身肉，切成长短一致的鱼条，盛盘。

2 浇上橙醋，盖上鱼子酱。

汤引河豚配海参肠

无论是制作河豚火锅还是河豚刺身，都要在切下鱼肉、肉质变得僵直之前进行处理，才能保持新鲜的口感。

将鱼肉切得稍厚并汤引，仅加热鱼肉的表面，内部则保持半熟的状态。颜色浅白的河豚，搭配重口味的海参肠，做成一道下酒菜，既可一同入口，也可分别享用。

烤河豚

盐烧的带骨河豚所带来的香味，是此道料理的美味关键。鱼鳍晒干之后也可以烤制。

河豚（中骨、鱼鳍）、盐

汤汁（昆布出汁见85页、日本酒、盐）

酸橘

----

1 将河豚肉带着中骨厚切下来。或者使用鱼鳃周边肉厚的部位也可。

2 将鱼鳍贴在平底盘中，晾干。

3 准备汤汁。将调出重口味的昆布出汁煮沸，加入日本酒及盐调味。

4 将河豚鱼块用铁扦子穿起，撒上盐，用炭火烤出香味。鱼鳍烤透。

5 将河豚与鱼鳍装入碗中，倒入热昆布出汁。将切成圆片的酸橘装入碗中。

河豚（上身）

海参肠

橙醋（酸橘汁和出汁9:1，淡口酱油、煮切味淋各微量，上桌时才拌）

鸭头葱（见88页）、金时人参（见76页）

----

1 切下河豚肉，切厚片，放入热水中，片刻即捞出投入冷水，控干水分。表面变白即可，内部半熟。

2 将河豚盛盘，倒入橙醋。将海参肠从上往下盖。鸭头葱切成长短一致的葱段，金时人参焯水、切丝，都放入盘中。

七味幽庵烧河豚

将河豚烤制或油炸会使河豚肉收缩。为免于此，可以带骨厚切。如需幽庵烧，宜使用中骨及鱼鳃下方周边部位。带着中骨切下肥厚的肉块制作料理，上桌时就会显得分量十足。

河豚（带中骨、鱼鳃下方周边部位）
幽庵汁＊（日本酒 1800 毫升、淡口酱油 900 毫升、味淋 900 毫升）
七味辣椒粉（见 155 页）

＊ 幽庵汁：混合所有材料并煮至酒精完全挥发。

---

1 河豚带着中骨，切下鱼鳃下方周边肉厚的部分。

2 混合幽庵汁，将河豚肉浸泡其中 5~6 小时，再穿成串用炭火烤。

3 烤完之后，撒上七味辣椒粉。

河豚炸乌鱼子

此道料理是将乌鱼子切碎，撒在河豚肉上油炸而成。乌鱼子盐分很高，容易炸焦。因此应将河豚切成薄片，迅速油炸。

河豚（上身）
乌鱼子、低筋面粉、蛋清
食用油

---

1 将河豚肉切成薄片。

2 将乌鱼子轻拍并捣碎。

3 将河豚肉片裹上低筋面粉，将蛋清充分搅匀，将河豚肉片浸入其中片刻，撒上步骤 2 的乌鱼子碎。

4 放入 170℃的食用油中迅速炸制，捞出并沥干油分。

5 装盘，将其余的乌鱼子碎撒在料理表面。

河豚冬季蔬菜火锅

此道料理将河豚的美味与根茎菜的甘美相结合，与厚重的河豚火锅风味迥异，这是一款味道柔和的适合冬季享用的火锅。肉类仅有河豚上身肉，鱼骨则用于熬制出汁。活河豚宰杀后立即用于料理，可感受到其鲜美的口感。

河豚（上身）
淀大根（见 76 页）
白菜、茼蒿叶、鸭头葱（见 88 页）
火锅汁（出汁、河豚骨、盐、淡口酱油）

---

1 准备火锅汁。将河豚的中骨切成任意大小，静置 2~3 小时之后，霜降处理。

2 将步骤 1 的中骨放入出汁中，小火煮 1 小时左右，滤去杂质，留出出汁。

3 将淀大根切成大块长条，在步骤 2 的出汁中放入盐及淡口酱油，放入淀大根煮软之后捞出。这锅煮汁用来做火锅汁。

4 将步骤 3 的火锅汁倒入锅中，开火。将河豚上身切成大块，白菜随意切一下，再与淀大根、茼蒿叶、鸭头葱放入锅中煮。上桌之后分餐。

烤鱼白配
下仁田葱浓汤

　　浓缩了甘甜美味的下仁田葱浓汤上，漂浮着刷上酱油、烤得喷香的河豚鱼白。酱油烤出的香味，与葱香和谐交融。在浓汤中加入少许生姜汁，也有利于突显本味。

河豚鱼白

河豚鱼白配煮芜菁

　　盐烧鱼白上桌的最佳时机，是将其烤至表面鼓起的时候。因此，此道料理是坐在吧台边，即烹即享的一道美食。放置时间一长，鱼白就会收缩，皮变硬。只是刚刚烤制好的鱼白烫嘴，建议略等几秒再入口。重口的鱼白与清淡的芜菁，在口味上互补，颜色上更协调。

河豚鱼白

速煮河豚鱼白

　　说起河豚的鱼白，一般做法都是撒盐烤制。但在每年一月，鱼白个头变大，即使用大火烹煮，收汁后也不会散开。这里选用 1 个重 700 克的鱼白。

烤鱼白配下仁田葱浓汤

河豚鱼白、割酱油（浓口酱油、出汁）
下仁田葱（日本的一种葱，味道清甜不辛
　辣）、日本酒、盐、出汁、味淋

1　将河豚鱼白穿成串，用毛刷蘸取割酱
　　油，刷在其上，两面都在炭火上烤制。

2　用日本酒擦拭下仁田葱表面，撒上盐，
　　放入蒸锅中蒸软。考虑到焯水会析出太
　　多水分，最好是蒸。

3　将步骤 2 的葱放入搅拌机，倒入适量出
　　汁化开，调入盐及味淋搅打。倒入锅
　　中，保持温热。

4　将鱼白切成一口大小，装盘，将步骤 3
　　的浓汤倒入盘中，上桌。

河豚鱼白配煮芜菁

河豚鱼白、盐
芜菁
酸橘

1　如果河豚的鱼白较小，可以直接使用。
　　新年伊始时的鱼白个头较大，宜切成一
　　口大小，穿成串。

2　将炭火烧热至中火的程度。

3　将盐撒在鱼白上，用炭火烤。翻面数
　　次，烤至鱼白鼓起、内部"咕噜咕噜"
　　如水沸腾般的程度。最后开大火，烤出
　　焦黄色即可。

4　芜菁削皮，削出六边形。用水煮软。为
　　了保持鲜绿色，蒂的周边部分煮制时间
　　可缩短。芜菁的作用是清口，因此煮时
　　不调味。

5　在盘中铺一层茼蒿叶，将鱼白与芜菁置
　　于其上，最后放上酸橘。

速煮河豚鱼白

河豚鱼白
鱼白煮汁（出汁、日本酒、味淋、砂糖
　4:1:1:0.5，浓口酱油少许）
水芹、盐

1　将河豚鱼白切大块。

2　准备煮汁。将等比例的日本酒与味淋混
　　合，煮至酒精完全挥发。兑入出汁稀
　　释，放入砂糖、浓口酱油调味。

3　将鱼白放入混合煮汁中，开大火煮一会
　　儿，收汁。

4　将水芹焯盐水，切成整齐的水芹段，置
　　于鱼白之上。

| 鰤鱼 |

寒鰤腹须刺身

将鰤鱼的血合及鱼皮全部除净，以免残留腥臭味，切成刺身大小。元旦刚过时的鰤鱼，脂肪最为肥厚，搭配白萝卜泥食用，可获得清爽口感。

大个头的鰤鱼最宜品尝脂肪的美味，宰杀后应在 0~1℃的环境下密闭保存。完全不经熟成加工，趁着新鲜时生吃。

| 鰤鱼 |

白萝卜鰤鱼

这是鰤鱼与白萝卜的另类组合。将幽庵汁刷在肥美的鰤鱼上烤制。白萝卜泥加葛粉调出黏度，升华口感，盖在烤鰤鱼上，以此造就出一道带给人惊喜的美食。

荧光乌贼 |
荧光乌贼火锅

　　春季是荧光乌贼的时令季节，其主要产自日本海一侧的全部海域，其中以富山和兵库的渔获量为大。这里所用的荧光乌贼，产自福井县敦贺湾。为使作料汁更好地裹住乌贼，将葛粉芡汁调得尽量浓稠是关键。长时间慢慢加热，将内部煮透，口感更佳。

荧光乌贼 |
炸荧光乌贼配炸蜂斗菜花薹

　　油炸的温度是此道料理的关键。在低温油中，无法将乌贼炸得松软，而油温太高又可能将乌贼炸爆。加热程度以面衣酥脆、鱼肉松软为宜。荧光乌贼在日本的主要产地是富山县滑川。

寒鲕腹须刺身

寒鲕腹须

白萝卜泥、芥末

水前寺海苔（日本的一种品牌海苔）

水蓼叶（见 25 页）、青紫苏

土佐酱油、橙醋

------

1 在寒鲕（冬季的鲕鱼）油脂丰美的时节，鱼腹肉便成为制作料理的绝好食材。此道料理使用的是鱼腹侧脂肪厚、鱼肉薄的部位，名为"腹须"，切薄片。鱼皮附近脂肪少，切下来之后也削成薄片盛盘。

2 铺一层青紫苏，周围放水蓼叶、芥末、白萝卜泥，再放上水前寺海苔。另取一个盘子，倒入土佐酱油及橙醋，按需使用。

白萝卜鲕鱼

鲕鱼（腹须）片

幽庵汁 *（日本酒 900 毫升、淡口酱油 300 毫升、味淋 450 毫升）

白萝卜葛粉芡汁（白萝卜泥、出汁、水葛粉、盐）

酸橘

* 幽庵汁：将所有材料混合加热，煮至酒精完全挥发。

------

1 将鲕鱼腹侧脂肪肥厚的肉片切下。

2 混合幽庵汁，将鱼肉片浸泡在其中 7~8 小时。其脂肪比河豚肥厚，口味也比其略厚重。

3 用一根铁扦子穿起鲕鱼片，用炭火烤。

4 白萝卜泥沥干水分放入锅中，加入少许出汁加温。用水葛粉勾芡，加盐调味。当白萝卜泥热透之后关火。

5 将鲕鱼盛盘，将步骤 4 的白萝卜葛粉芡汁倒在其上，用酸橘点缀菜品。

荧光乌贼火锅

鲜荧光乌贼（身体能发出蓝色荧光的乌贼）

圆白菜

火锅汁 250 毫升（出汁、淡口酱油、味淋
  8：1：0.5）

熟荧光乌贼（已煮沸）10 只

水葛粉适量

1　去除鲜荧光乌贼的眼睛、口、软骨。

2　将圆白菜的叶、梗（切薄片）焯热水，
　捞出装小碟。

3　将熟荧光乌贼切碎。火锅汁调好后加
　热，放入切碎的 10 只乌贼，用水葛粉
　勾芡。

4　火锅汁倒入小锅，置酒精炉上加热
　上桌。

炸荧光乌贼配炸蜂斗菜花萼

熟荧光乌贼

蜂斗菜嫩花茎（带花萼）

低筋面粉、薄面衣（低筋面粉、鸡蛋、水）

食用油

1　将鸡蛋与水充分搅拌均匀，加入适量低
　筋面粉，调成薄面衣。

2　乌贼裹上低筋面粉，再浸入薄面衣中。

3　油温太高会将乌贼炸爆，因此应将油温
　控制在 170℃，抖落多余的面衣，放入
　乌贼炸。因乌贼事先已煮过，只需短时
　间炸制即可。出锅，沥干油分。

4　将蜂斗菜的花萼剥下，逐朵放入 160℃
　的食用油中炸。花萼很薄，油温不可过
　高，炸制时间不可太长，否则会变色。

5　将炸好的乌贼盛盘，将炸花萼置于
　其上。

| 白鲷 |
白鲷刺身

　　白鲷在日本叫目一鲷，从外观上看，有一条花纹穿过鱼眼睛，故而得名目一鲷。白鲷味道在夏天便开始走下坡路，但此时尚未产卵，因此脂肪肥厚，正是美味之时。

　　虽然白鲷渔获量小，知名度也不高，但确是一种美味的鱼类。做成薄刺身，口感醇厚，回味无穷。

| 诸子鱼 |
诸子鱼姿形炸

　　诸子鱼是鲤科的一种淡水鱼，身长10厘米左右，是日本琵琶湖著名的特产。冬春季节格外肥美。

怒平鲉

怒平鲉幽庵烧
配明太鱼卵
炸银杏

　　怒平鲉个头较大，体长可达 60 厘米。此道料理使用脂肪肥厚的鱼鳃下方周边部位，用幽庵汁浸渍后烤制，最后与鳕鱼卵、银杏一同盛盘。

白鲷刺身

白鲷

白萝卜

葱叶

红叶泥（见 130 页）

橙醋

1 将白鲷三枚切，剥皮。

2 将鱼皮迅速焯热水，捞出投入冰水。控干水分，切细丝。

3 鱼上身肉切成薄片刺身，装盘。将鱼皮置于中央位置。

4 用白萝卜制成折松叶形状，点缀菜品。再放入葱叶及红叶泥，橙醋另附。

诸子鱼姿形炸

活诸子鱼（日本琵琶湖特产，在我国叫麦穗鱼）

低筋面粉、天妇罗面衣（低筋面粉、鸡蛋、水）

太白芝麻油

盐

1 将鲜活的诸子鱼洗净，控干水分，诸子鱼很小，无需开腹处理。

2 诸子鱼裹上低筋面粉，抖去多余的粉末，在天妇罗面衣中浸泡片刻，放入170℃的太白芝麻油中炸。

3 捞出，沥干油分，撒上盐。盐也可另附。

怒平鲉幽庵烧配明太鱼卵
炸银杏

- -

怒平鲉鱼鳃下方周边部位

幽庵汁 *（浓口酱油、味淋、日本酒 1:1:1，柚
　　子适量）

明太鱼卵

煮汁（出汁、淡口酱油、味淋、日本酒
　　8:1:0.5:0.5，薄生姜片适量）

炸嫩银杏（银杏、食用油）、盐

* 幽庵汁：混合所有调味料，滴入适量柚子汁，切一
　小片柚子放入，酸味和果香可使调味料更加醇和。

- -

1　将怒平鲉鱼鳃下方周边部位清理干净，
　　放入幽庵汁中浸泡 30~40 分钟。

2　捞出，穿成串，烤出香味。

3　明太鱼卵用水洗净，用刀切分开。

4　将煮汁煮沸，放入明太鱼卵煮，片刻之
　　后关火，利用余热继续加热。放入鱼卵
　　之后，不可再将煮汁煮沸。

5　制作炸嫩银杏。剥去银杏壳、膜，低温
　　油炸后捞出，撒盐。

6　另取红叶，散放在盘中，将怒平鲉及明
　　太鱼卵盛盘，再撒上炸嫩银杏。

作者简介

原田实

1970 年生于日本大阪，毕业于大阪的调理师专门学校，入职大阪船场吉兆开始学习日本料理。之后在大阪市内的和食店工作，积累经验。2004 年，在其 34 岁之际创业，在大阪心斋桥开办了自己的餐馆——鱼菜处光悦。2018 年，在大阪东心斋桥又开办了第 2 家店，名为"天妇罗悦"。

原田实对以大阪为主要产地的关西鱼贝类非常熟悉。店内采购该地特有的鱼贝食材，经过简单的烹调，展现食材的美味。尤其擅长在鱼贝类料理中，巧妙利用内脏增光添彩，并以此获得了业界公认的口碑。

山本晴彦

1979 年生于日本栃木县。自辻调集团的辻东京分校毕业后，入职岐阜县的"高田八祥"餐馆，师从高田晴之。分别在拥有 40 个座席的分店"割烹料理若宫八祥"，以及后续的"割烹料理小金八祥"任店长。2011 年，年仅 31 岁的山本晴彦独立创业，在东京三田开办"日本料理晴山"。

山本晴彦擅长的料理看似简单，实则将香味和美味不经意地赋予料理，为食客奉献美味的精品。他也擅长烹制能够发挥食材特性的油炸料理。

KUROGI（黑木餐厅）

2010 年于东京汤岛开业。2011 年、2012 年连续两年入选《东京米其林指南》，获得评星。2014 年，由隈研吾负责设计的、位于东京大学本乡校区的日式点心店"厨果子 KUROGI"正式开业。2017 年 3 月，黑木餐厅由汤岛迁至东京芝大门。